ALFRED BRINCKMANN

MATT IN ZWANZIG ZÜGEN

EINFÄLLE UND REINFÄLLE

EIN LEHR- UND LESEBUCH

ZWEITE, ERGÄNZTE UND
ERWEITERTE AUFLAGE

WALTER DE GRUYTER & CO

BERLIN 1963

Mit 77 Partien und 79 Diagrammen

VORWORT ZUR 1. AUFLAGE

Diese kleine Partiensammlung soll ein schlichtes Lehr- und Lesebuch sein. Nicht mehr. Sie will anregen und unterhalten. Sollte sie den Schachfreunden gefallen, ist geplant, auf der Grundlage neuesten Materials eine umfangreichere Sammlung der gleichen Art bald folgen zu lassen.

Die in dem verbindenden Text niedergelegten Gedanken sind zum Teil schon früher in der „Deutschen Schachzeitung" geäußert worden. Ich habe geglaubt, sie in dieses Büchlein hineinnehmen zu müssen.

Kiel, im Juli 1955 *Alfred Brinckmann*

VORWORT ZUR 2. AUFLAGE

Kurzpartien sind die Würze jeder Partiensammlung, jeder Schachzeitschrift, jeder Schachecke, und darum mag auch der zweiten Auflage dieses Buches der gleiche Erfolg beschieden sein wie der ersten, um so mehr, als die Zahl der Partien nicht unerheblich ergänzt und vermehrt worden ist.

Das Buch will anregen und unterhalten, will Fröhlichkeit wecken, will ein Lese- und doch zugleich ein kleines Lehrbuch sein, das den Leser nicht mit feierlichem Ernst, sondern sozusagen kameradschaftlich-unauffällig an die köstlichen Geheimnisse des königlichen Spiels heranführt.

Kiel, im Februar 1963

Alfred Brinckmann

EINLEITUNG

„Matt in zwanzig Zügen“ ? — dies ist offenbar nur möglich, wenn der Unterlegene im Aufbau der Partie Fehler begangen und der Gegner diese entschlossen zum Siege ausgenutzt hat. Es soll also in unserer Sammlung von Kurzpartien ein doppeltes Ziel erreicht werden: Wir wollen Eröffnungsfehler und -fallen kennenlernen und zugleich die Art, wie sie bestraft werden. Viele Schachfreunde bleiben durch die in den Eröffnungsbüchern üblichen Hinweise „und gewinnt“, „Weiß steht überlegen“ unbefriedigt oder sind gar verstimmt; sie möchten wissen, wie denn nun wirklich die Sache weitergeht, sie wünschen ein ganzes anschauliches Beispiel, eine reguläre Partie, von Anfang bis zum Ende.

Aber diese Schachfreunde möchten, wenn sie zu einem Schachbuch greifen, noch ein anderes oder besser gesagt, sie möchten ein anderes nicht, nämlich keine ellenlangen Analysen und nicht zuviel Gelehrsamkeit. Das liegt zum Teil in unserer unruhvollen Zeit begründet, die uns nicht mehr die Muße und die Sammlung läßt, eine lange und ausführlich glossierte Meisterpartie zu studieren und zu genießen. Was zwar bedauerlich, aber vor der Hand schwerlich zu ändern ist. Wer wirklich Variantenkenntnis erstrebt, wer wie im „Faust“ der Famulus Wagner „alles wissen“ möchte, der wird sich an die speziellen Lehrbücher halten müssen. Ich selbst übrigens erinnere mich aus meinen Lehr- und Wanderjahren, daß mich mein Weg über das Studium von Partiesammlungen zur „Theorie“ geführt hat und nicht etwa umgekehrt.

Die nachstehenden Partien entstammen der jüngsten Vergangenheit und sind nach dem Gesichtspunkt ausgewählt worden, daß sie immer einen besonderen Eröffnungsgedanken enthalten. Ein Fehler gibt dann Gelegenheit zu einer prägnanten Widerlegung und einer schönen Schlußkombination. Reinfälle und Einfälle! Dabei sind die Partien nach Eröffnungen geordnet, so daß der Leser durch vergleichendes Studium seine

Eröffnungskenntnisse nach Wunsch erweitern und vertiefen kann. Entsprechend der Absicht dieses Büchleins sind die Kommentare einfach gehalten, aber doch dergestalt, daß das Wesentliche gesagt wird.

„Matt in zwanzig Zügen“ bedeutet nicht, daß nun immer das Fallbeil auf die Minute genau mit dem 20. Zuge fällt. In der einen oder anderen Partie wird der Verlierer zu diesem Zeitpunkt die Partie aufgeben, weil er einen absolut entscheidenden Materialverlust erlitten hat. Alles in allem genommen bleibt es jedoch beim „Matt“.

INHALT

SPANISCH

PARTIE 1

Herrschaft über die offene Linie entschied

Pedrosa—Resina

(Lissabon 1954)

1.	e2—e4	e7—e5
2.	Sg1—f3	Sb8—c6
3.	Lf1—b5	a7—a6
4.	Lb5—a4	Sg8—f6
5.	0—0	b7—b5
6.	La4—b3	Lf8—e7
7.	Tf1—e1	0—0
8.	c2—c3	d7—d5

Die „Marshall-Variante", die sich trotz aller Widerlegungsversuche bis heute ihre robuste Gesundheit bewahrt hat.

9. e4×d5 ....

Zu widerlegen ist ein Gambit nur durch dessen Annahme. Wer daran nicht interessiert ist, mag mit 9. d4 Se4:, 10. de5: in die „offene" Variante des Spaniers einlenken oder sich gar bei 9. d3 bescheiden.

9. .... e5—e4

Die seltenere, aber auch schlechtere Form des Marshallangriffs. Üblich ist 9. ... Sd5:, 10. Se5: Se5:, 11. Te5: c6, 12. d4 Ld6, 13. Te1 Dh4 usw.

10.	d5×c6	e4×f3
11.	Dd1×f3	Lc8—g4
12.	Df3—e3	....

Wir befassen uns in diesem Büchlein mit Einfällen und Reinfällen in der Schachpartie, vornehmlich in der Eröffnungsphase. 12. De3 ist ein derartiger Reinfall. Vermutlich hat Weiß auf 12. Dg3 Ld6 als störend empfunden. Dazu bestand indessen nicht der geringste Grund, denn nach 13. f4 Te8, 14. Te5! h5, 15. d4 Le5:, 16. fe5: Sh7, 17. h3 Le6, 18. Lh6 g6, 19. Lc2 stünde Weiß großartig, wie aus der Partie Stoltz—Kashdan, Hamburg 1930, hinlänglich bekannt ist.

12.	....	Tf8—e8
13.	d2—d4	Le7—d6
14.	De3—d2	....

14. .... Ld6—f4!

In einer solchen Stellung, in der die letzte Reihe des Gegners tödlich geschwächt ist, kommt alles darauf an, diesem keine Sekunde Ruhe zu gönnen.

15. Te1×e8† Dd8×e8
16. Dd2—d3 De8—e1†
17. Dd3—f1 Lf4×h2†
18. Kg1×h2 De1×f1

Weiß gab auf.

PARTIE 2

Marshall-Variante bewährt sich ein weiteres Mal

Bialas—Mross

(Berlin 1954)

1. e2—e4 e7—e5
2. Sg1—f3 Sb8—c6
3. Lf1—b5 a7—a6
4. Lb5—a4 Sg8—f6
5. 0—0 b7—b5
6. La4—b3 Lf8—e7
7. Tf1—e1 0—0
8. c2—c3 d7—d5
9. e4×d5 ....

Vgl. hierzu Partie 1, Anmerkungen zum 9. Zuge von Weiß und von Schwarz.

9. .... e5—e4

Ergänzend sei hier Keres' Urteil über die Marshall-Variante eingefügt: „Schwarz erhält für den geopferten Bauern einen sehr gefährlichen Angriff, der wahrscheinlich eine ausreichende Kompensation darstellt. Die Varianten sind jedoch sehr kompliziert und nur ungenügend in der Praxis geprüft, so daß eine endgültige Beurteilung noch nicht möglich ist." Diese Meinung des Meisters bezieht sich in dessen hauptsächlich auf die Variante 9. ... Sd5:, 10. Se5 Se5:, 11. Te5: usw.

10. d5×c6 e4×f3
11. Dd1×f3 Lc8—g4
12. Df3—g3 ....

Vgl. Partie 1, Anm. zum 12. Zuge.

12. .... Le7—d6
13. Dg3—h4 Tf8—e8!
14. f2—f3 Te8×e1†
15. Dh4×e1 Dd8—e8!

Dies ist die richtige Art, den eklatanten Entwicklungsvorsprung — das Kennzeichen der Marshall-Variante — nutzbar zu machen.

16. De1×e8† ....

Anderes: a) 16. Df2 De5!, 17. g3 (17. fg4: Dh2:†, 18. Kf1 Te8), 17. ... Te8, b) 16. Dh4 Lf5, 17. d4 De2, mit vortrefflichen Aussichten für Schwarz.

16. .... Ta8×e8
17. Kg1—f2 Lg4—f5
18. d2—d4 ....

Falls 18. Sa3, so 18. ... Ld3 und Weiß kann aufgeben.

18. ... Ld6×h2
19. Sb1—d2 ....

Der Ring, den Schwarz um den weißen König gelegt hat, ist schwer oder nur unter Verlusten oder Stellungsverschlechterung zu durchbrechen. Z. B. 19. Ld2 Ld3, oder 19. Le3 Sh5!, 20. g4 Lg3†; 21. Kg2 (21. Ke2 Lf4, 22. gf5: Te3†, 23. Kf2 Sg3, 24. Ld1 h5), 21. ... Te3:, 22. gh5: (22. gf5: Te2†), 22. ... Lf4, 23. Ld1 Te1.

19. ... Lf5—d3
20. Lb3—d1 ....

Damit scheinen alle Einbruchsfelder gesichert zu sein (20. ... Sh5, 21. Sf1).

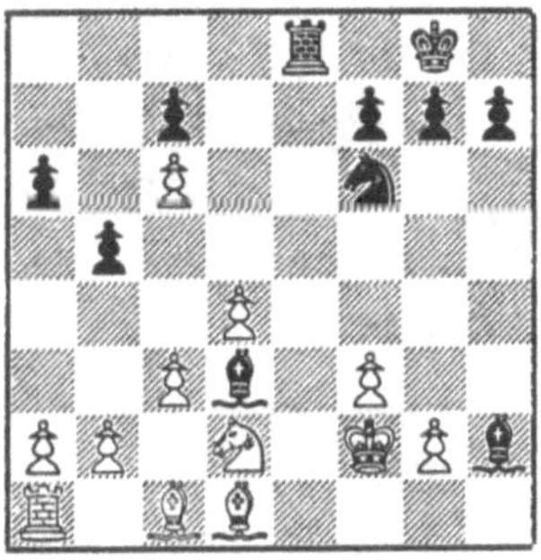

20. ... Te8–e1!!

Hierauf fiel Bialas prompt aus allen Wolken. Da er nach 21. Ke1: durch 21. ... Lg3 mattgesetzt wird und der Ld1 sich wegen Te2† nicht rühren darf, verzichtete Weiß auf die Fortsetzung der Partie.

PARTIE 3

f5 wurde zum neuralgischen Punkt

Rivise—Madrid

(Los Angeles 1954)

1. e2–e4 e7–e5
2. Sg1–f3 Sb8–c6
3. Lf1–b5 a7–a6
4. Lb5–a4 Sg8–f6
5. 0–0 Lf8–e7
6. Dd1–e2 ....

Mindestens ebenso stark wie 6. Te1. Die Spielweise 6. De2 hat dazu noch den Vorzug, von den Theoretikern weniger erforscht worden zu sein als Te1, so daß hier noch mancherlei Neuland der Entdeckung harrt.

6. ... b7–b5
7. La4–b3 0–0
8. c2–c3 d7–d5

Die Schlechter-Variante, eine nahe Verwandte der Marshall-Variante, die wir in den Partien 1 und 2 kennengelernt haben.

9. d2–d3 ....

So vermeidet Weiß alle Komplikationen, die mit der Annahme des Bauernopfers verbunden sind. Auf 9. ed5: ist wahrscheinlich 9. ... Lg4 am nachhaltigsten (10. dc6: e4, 11. d4 ef3:, 12. gf3: Lh5!). Und was 9. d4 angeht, so kann Schwarz brav und bieder mit 9. ... de4:, 10. Se5: Lb7 fortsetzen.

9. ... Lc8–b7

Von allen in Betracht kommenden Möglichkeiten die schwächste. Eine gleiche Partie erreicht Schwarz über die Zugfolge 9. ... d4!, 10. cd4: Sd4:, 11. Sd4: Dd4:, 12. Le3 Dd6!, 13. Sc3 Le6, 14. Le6: fe6:.

10. Lc1–g5! ....

Droht Bauerngewinn durch Lf6: usw.

10. ... d5×e4

Nach diesem Tausch, der die d-Linie öffnet, hat Weiß auf jeden Fall die freundlichere Stellung. Es ist aber die Frage, ob Schwarz dazu nicht halbwegs schon gezwungen ist, denn 10. ... d4, 11. Lf6: Lf6:, 12. Ld5! sieht nicht sonderlich einladend aus.

11. d3×e4 Sf6–d7
12. Lg5–c1 ....

Mit Recht geht er einer Entlastung des schwarzen Spieles durch Tausch aus dem Wege.

12. .... Sd7–b6
13. Tf1–d1 Le7–d6
14. Lc1–g5 Dd8–c8

15. Sb1—d2 ....

Die für solche Stellungen vorgeschriebene Reise des Damenspringers beginnt, er soll über f1 nach e3 oder g3 gehen, um die Felder f5 und d5 in seine Obhut zu nehmen.

15. .... Sc6—d8
16. Sd2—f1 Sd8—e6
17. Sf1—g3 Se6×g5

Das heißt nun doch den Feind ins eigene Lager holen. Fragwürdig ist die schwarze Stellung freilich auch bei anderen Zügen. So hätte 17. ... h6, 18. Sf5 zur Folge, um dann 18. ... hg5: mit 19. Td6:! zu beantworten. Ebenso wäre auf 17. ... f6, 18. Le3, was Lb6: nebst Td6: droht, sehr ungemütlich. Zu versuchen war jedoch noch 17. ... g6 (18. Lf6 Sd7). Man sieht, wie der schwarze Damenläufer bei der Verteidigung des Königsflügels fehlt; er hat es vorgezogen, auf b7 die Rolle des Mauerblümchens zu spielen. Da ist der Lb3 ein anderer Kerl!

18. Sf3×g5 h7—h6

Vermutlich hat Schwarz angenommen, daß der Sg5 wieder zurück müsse, worauf er dann Zeit zu Dc8—d8—f6 gewonnen hätte.

19. Sg3—f5! ....

19. .... Dc8—e8

Oder 19. ... hg5:, 20. Td6: De8 (20. .. cd6:, 21. Se7†), 21. Dh5 cd6: 22. Dg6!

20. De2—h5 h6×g5
21. Dh5—g6! nebst Matt

PARTIE 4

Gelähmter König

Bania—Svejcar

(Korrespondenzpartie 1954)

1. e2—e4 e7—e5
2. Sg1—f3 Sb8—c6
3. Lf1—b5 a7—a6
4. Lb5—a4 Sg8—f6
5. 0—0 Sf6×e4
6. d2—d4 b7—b5
7. La4—b3 d7—d5
8. d4×e5 Lc8—e6
9. Dd1—e2 ....

Von Keres und Smyslov häufig angewandt. Vgl. auch Partie 5.

9. .... Sc6—a5
10. Sb1—d2 ....

Auf 10. Td1 folgt am einfachsten 10. ... Lc5, 11. Le3 Le3:, 12. De3: c5!

10. .... c7—c5

Daß dies ein Fehler ist, weiß jeder Theoriebeflissene aus einer bekannten Fernpartie Dr. Adam — Seybold, oder sollte es wenigstens wissen. Richtig und zum Ausgleich genügend ist 10. ... Sd2:

11. Sd2×e4 d5×e4
12. Lb3×e6 e4×f3
13. Le6×f7† Ke8×f7
14. De2×f3† Kf7—e8

Sein Pech besteht darin, daß der König sich nicht nach g8 verkriechen darf, weil nach 15. Tdl Schwarz, um nicht durch Dd5† matt zu werden, den Ta8 preisgeben müßte.

15. Tf1—d1 Dd8—c8

16. e5—e6 Ta8—a7

Unzulässig wäre auch 16. ... Db7 wegen 17. Td5, z. B. 17. ... Td8, 18., Df7†! Df7:, 19. ef7:† Ke7, 20. Lg5†.

17. Lc1—g5! Aufgegeben, denn

a) 17. ... Le7, 18. Df7 matt;

b) 17. ... Sb7, 18. Df7 matt;

c) 17. ... Sc4, 18. Td8† Dd8:, 19. Dc6†;

d) 17. ... Tc7, 18. Td8† Dd8:, 19. Ld8: Kd8:, 20. Td1† Ke8, 21. Da8†.

PARTIE 5

Krönendes Damenopfer

Malmgren—Cuadrado

(Fernschachweltmeisterschaft 1954)

1. e2—e4 e7—e5
2. Sg1—f3 Sb8—c6
3. Lf1—b5 a7—a6
4. Lb5—a4 Sg8—f6
5. 0—0 Sf6×e4
6. d2—d4 b7—b5
7. La4—b3 d7—d5
8. d4×e5 Lc8—e6
9. Dd1—e2 Lf8—e7
10. c2—c4 ....

Über diesen Zug sind von den Schachanalytikern ganze Ströme von Tinte vergossen worden. Am Ende sind Theoretiker und Praktiker zu der Überzeugung gekommen, daß die einzig wahre Fortsetzung für Schwarz jetzt in 10. ... Sc5 besteht, mit der etwaigen Folge 11. cb5: Sb3:, 12. ab3: ab5:, 13. Ta8: Da8:, 14. Db5: 0—0. Der schwarze Stellungsvorteil wiegt danach den geopferten Bauern auf.

10. .... b5×c4

Dies überläßt in jedem Falle dem Anziehenden einen starken, vielleicht sogar unparierbaren Angriff.

11. Lb3—a4 Le6—d7

12. Sb1—c3 Se4×c3

In einer anderen, bekannten Fernpartie Dr. Adam — Malmgren zog der letztere 12. ... Sc5, worauf nach 13. Lc6: Lc6:, 14. Sd4 Lb7, 15. Sf5 Lf8, 16. Td1 Dc8, 17. Df3 c6 eine schwer zu beurteilende Stellung entstand.

13. b2×c3 Sc6—a7

14. La4—c2 Dd8—c8

15. Lc1—g5 Dc8—d8

Man sieht, daß Schwarz bereits in Verlegenheit ist. Falls 16. ... Lg5:, so 17. Sg5: und der schwarze Königsflügel gerät ins Wanken.

16. Lg5—f6 0—0

Er hätte wohl doch noch 16. ... gf6: 17. ef6: Le6 versuchen sollen, denn was nun kommt, ist fürchterlich.

17. Sf3—g5! h7—h6

18. De2—h5 Sa7—b5

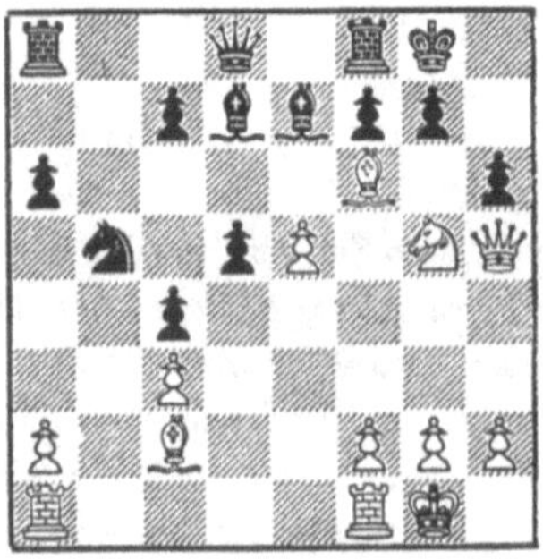

19. Dh5×h6!! Aufgegeben.

PARTIE 6

Entwicklung ist das halbe Leben

Zajcew—Rochlin

(Jaroslavl 1954)

1.	e2—e4	e7—e5
2.	Sg1—f3	Sb8—c6
3.	Lf1—b5	a7—a6
4.	Lb5—a4	Sg8 —f6
5.	0—0	Sf6×e4
6.	d2—d4	b7—b5
7.	La4—b3	d7—d5
8.	Sf3×e5	....

Ungewöhnlich und schwerlich auch gut, weil u. a. der schwarze c-Bauer früher als sonst beweglich wird.

8.	....	Sc6×e5
9.	d4×e5	Lc8—b7
10.	Lc1—e3	Lf8—c5!
11.	Dd1—g4	....

Von dem um die Jahrhundertwende lebenden Theoretiker Cordel empfohlen. Die vorliegende Partie spricht gegen den Zug. Einfach 11. Lc5: dürfte das Richtige sein.

11.	....	Lc5×e3
12.	Dg4×g7	....

Dies endet in einer traurigen Katastrophe. Aber auch nach 12. fe3: 0—0 wird man das schwarze Spiel als das bessere bezeichnen müssen (13. Sc3: Sc3:, 14. bc3 c5).

12. .... Dd8—g5!

Die Widerlegung!

13. Dg7×h8† ....

Nach 13. Dg5: hätte er eine Figur zu wenig.

13. .... Ke8—e7

14. Dh8×h7 Le3×f2†

15. Kg1—h1 ....

Erzwungen, denn nach 15. Tf2: Dc1†, 16. Tf1 De3†, 17. Kh1 Sf2†, 18. Kg1 Sh3†, 19. Kh1 Dg1† würde Weiß matt. Das „erstickte Matt" gehört zu den großen Sehnsüchten jedes Schachspielers.

15. .... Ta8—g8

16. Dh7—h3 ....

Oder 16. g3 Sg3:†, 17. hg3: d4†.

16. .... Lb7—c8

17. g2—g4 ....

Auch 17. Df3 Sg3†, 18. hg3: Th8† wäre nicht übel.

17. .... Lc8×g4

Weiß gibt auf: 18. Dg2 Lf3!, 19. Df3: Dg1†, 20. Tg1: Tg1: matt.

PARTIE 7

Blitz aus heiterem Himmel

Mohrlok—Kramer

(Varna 1962)

1. e2—e4	e7—e5
2. Sg1—f3	Sb8—c6
3. Lf1—b5	a7—a6
4. Lb5—a4	d7—d6
5. d2—d4	b7—b5
6. La4—b3	Sc6×d4

Dies ist besser als das Schlagen mit dem Bauern, worauf Weiß nach (6. ... ed4:) 7. Ld5 Lb7 8. Sd4: ein chancenreiches Spiel erhielte.

7. Sf3×d4	e5×d4
8. c2—c3	....

Lange hielt man die Annahme des Bauernopferangebots für bedenklich, doch braucht Schwarz sich nach den letzten theoretischen Errungenschaften keine übertriebenen Sorgen zu machen: 8. ... dc3: 9. Sc3: Lb7 10. De2 c5 und Weiß behält für den Bauern Angriff, ohne jedoch — bei richtigem Gegenspiel — mehr als Ausgleich zu erzielen.

Will Schwarz ablehnen, tut er dies zweckmäßig mit 8. ... Lb7.

8.	d4—d3
9. a2—a4!	Lc8—d7

Schwarz ahnt nichts von dem, was ihn erwartet. Er mag sich trösten, anderen wäre es wahrscheinlich genauso ergangen. Geboten war 9. ... Tb8.

10 a4×b5	a6×b5
11. Dd1—h5!	....

Droht Matt auf f7. Das wäre nicht weiter schlimm, wenn nicht auch der

Ta8 in Gefahr wäre. Da nämlich die schwarze Dame an diesen Unglücksturm gekettet ist (wegen der Drohung Ta8:), bleibt zur Deckung des Matts nur 11... g6. Doch darauf folgt 12. Dd5 mit erneuter Mattdrohung und Angriff auf den Ta8.

11.	d3—d2†

In der vagen Hoffnung auf 12. Sd2: Sh6. Jedoch

12. Lc1×d2	und Schwarz gab auf.

PARTIE 8

Eine Ausgrabung

Fox—N. N.

(Antwerpen 1901)

1. e2—e4	e7—e5
2. Sg1—f3	Sb8—c6
3. Lf1—b5	Sg8—f6
4. 0—0	Sf6×e4

Bei unseren Altvorderen war diese Verteidigung sehr beliebt, man ist jedoch mit der Zeit ganz von ihr abgekommen, nachdem sich herausgestellt hat, daß Schwarz mit ihr höchstens einen mageren Ausgleich erzielen kann.

5. Tf1—e1	....

Hiernach allerdings sollte der Nachziehende die Eröffnung einigermaßen schmerzlos überstehen. Weitaus stärker ist 5. d4!

5. .... Se4–d6!
6. Sf3×e5 Lf8–e7
7. Lb5 – f1 ....

Meistens spielte man damals 7. Ld3, mit der etwaigen Folge 7. ... 0–0, 8. Sc3 Se8, 9. Sd5 Lf6, 10. Sg4 d6. Doch verdient auch der Textzug Beachtung.

7. 0–0
8. d2–d4 Sd6–f5
9. c2–c3 d7–d5

Bequemer hätte es Schwarz gehabt, wenn er mittels 9. ... Se5:, 10. de5: d6 dem Gegner den Punkt e5 streitig gemacht hätte.

10. Dd1–d3 Tf8–e8
11. f2–f4 Sf5–d6
12. Te1–e3 Sc6–a5

Wir haben diese Partie nicht nur wegen ihres glänzenden Schlußangriffs aufgenommen, sondern auch, weil sie zum so und so vielten Male zeigt, welch bittere Folgen entstehen, wenn man derart leichtfertig mit dem Element „Zeit" umgeht wie Schwarz hier. Was der Springer auf a5 soll, haben wir beim besten Willen nicht zu eruieren vermocht. Nach 12. ... Lf5 nebst Le4 hätte Schwarz noch eine ganz brauchbare Partie gehabt.

13. Sb1–d2 Sd6–f5
14. Te3–h3 Sf5–h4

Der eine Springer auf a5, der andere auf h4 – eine Zierde ihres Standes sind die beiden Rösser wahrlich nicht.

15. g2–g4 Sh4–g6
16. Th3–h5 ....

Um den Angriff mit Dh3 und f5 fortzusetzen.

16. .... Sa5–c6
17. Sd2–c4! ....

Beginn einer wunderschönen Kombination.

17. .... d5×c4

Hätte Schwarz geahnt, was der böse Feind ihm anzutun gedenkt, würde er 17. ... Lf8 gezogen haben, obschon Weiß auch dann weit überlegen stand.

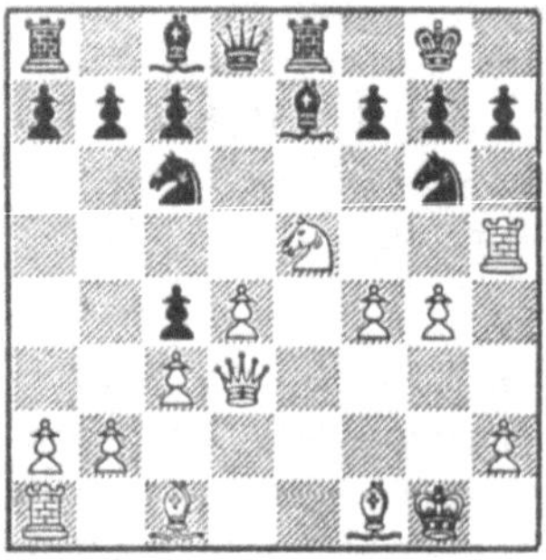

18. Dd3×g6!! ....

Das Gesicht von Schwarz hätte ich sehen mögen!

18. .... h7×g6

Die andere Lesart: 18. ... fg6:; 19. Lc4:† Kf8, 20. Sg6:†! hg6:, 21. Th8 matt.

19. Se5×g6! f7×g6
20. Lf1×c4† nebst Matt.

PARTIE 9

Läuferpaar auf Eis gelegt

Lothar Schmid—Scheipl

(Bad Kissingen 1954)

1. e2–e4 e7–e5
2. Sg1–f3 Sb8–c6

3. Lf1—b5 Sg8—f6

4. 0—0 Lf8—c5.

„Die Verteidigung Lc5 stellt die Schachtheoretiker vor ein interessantes, bis jetzt noch nicht gelöstes Problem. In der Praxis ist der Zug durchaus annehmbar“ (Keres). „Nicht gelöstes Problem“, „in der Praxis annehmbar“, — das sind tröstliche Gedanken.

5. c2—c3 0—0

6. d2—d4 Lc5—b6!

Schwach wäre, wie in allen Lehrbüchern zu lesen, 6. ... ed4:, 7. cd4: Lb6, wegen 8. e5 Se8, 9. d5 Se7, 10. d6 cd6:, 11. ed6: Sg6, 12. Lg5 f6, 13. Dd5† Kh8, 14. Ld2. Der weiße Stellungsvorteil ist evident.

7. Lb5×c6 ....

Eine Abweichung vom üblichen 7. Te1, die sich bei näherer Analyse als harmlos entpuppt, aber doch, wie Schmid richtig bemerkt, einiges Gift in sich birgt.

7. .... b7×c6.

Fernpartie L. Schmidt—O'Kelly: 7. ... dc6:, 8. Se5: Se4:, 9. Te1 Sf6?, 10. a4 a5, 11. Lg5 c5, 12. Sd2! mit Vorteil für Weiß. 9. ... Sd6 hätte indes zum Ausgleich gereicht.

8. Sf3×e5 Sf6×e4

9. Tf1—e1 Se4—d6

Schwarz muß recht umständlich verfahren, um zu einer harmonischen Aufstellung seiner Streitkräfte zu gelangen, denn 9. ... Sf6 hätte die lästige Fesselung 10. Lg5 im Gefolge.

10. Lc1—f4 f7—f6

Nach 10. ... c5, 11. dc5: Lc5:, 12. Dd5 Sb7, 13. Sd2 wäre die weiße Stellung weit überlegen.

11. Se5—d3 Sd6—f7

Damit der Bauernblock c7, c6, d7 beweglich werde.

12. Sb1—d2 ....

12. Df3 wäre mit 12. ... Sg5 nebst evtl. Se6 und 12. Da4 mit 12. ... a5 nebst La6 beantwortet worden.

12. .... d7—d6

13. Dd1—f3 Lc8—b7.

Ein lehrreicher Fehler. Der Läufer gehörte nach d7, um die Diagonale nach h3 unter Kontrolle zu halten. Beide Läufer bleiben fortan außer Spiel; bevor sie zu Worte kommen, ist das Unglück über den eigenen König bereits hereingebrochen.

14. Te1—e3 f6—f5

Er träumt von Figurengewinn mittels g5 und f4. Schön wärs!

Ratsamer war immerhin 14. ... Te8 15. Tae1 Te3:, 16. Te3: Dd7, obschon auch dann die schwarze Königsstellung in schwere Bedrängnis geriete. Z. B. 17. Dh5 Te8, 18. Th3 h6, 19. Tg3 Kh8, 20. h4! La6, 21. Dg6 Sd8, 22. Lh6:!

15. Ta1—e1 g7—g5

16. Df3—h5! Dd8—f6.

Der Läufer ist gefeit: 16. ... gf4:, 17. Sf4: und die Drohung Tg3† Kh8, Sg6† ist unparierbar.

17. Lf4×g5 Sf7×g5

18. Te3–g3 c6–c5

Auf diese Weise darf der Lb7 noch einen Blick in den blauen Himmel tun.

Falls 18. ... h6, so 19. h4.

19. Tg3×g5† Kg8–h8

20. Sd3–f4 Aufgegeben

(20. ... Tg8, 21. Tf5: Dg7, 22. Tf7).

PARTIE 10

Tote Reserven

Schön—Finotti

(Hamburg 1955)

1. e2–e4 e7–e5

2. Sg1–f3 Sb8–c6

3. Sb1–c3 Sg8–f6

4. Lf1–b5 Sc6–d4

Von Rubinstein in die Turnierpraxis eingeführt, ist dieser Zug als vollwertige Verteidigung anzusehen, unbeschadet der Tatsache, daß Schwarz in einigen Varianten einen Bauern opfern muß. Allerdings hat die Rubinsteinsche Spielweise den kleinen Nachteil, daß Weiß mittels 5. Sd4: ed4:, 6. e5 dc3:, 7. ef6: Df6:!, 8. dc3: De5† rasch eine Remisstellung herbeiführen kann.

5. Lb5–c4 Lf8–c5!

6. Sf3×e5 0–0

Der von der Theorie vorgeschriebene Zug ist 6. ... De7, worauf Weiß weder 7. Lf7:† spielen darf, wegen 7. ... Kf8, noch auch 7. Sf7:, wegen 7. ... d5! Richtig ist vielmehr 7. Sf3 d5!, 8. Sd5: De4:†, 9. Se3 Lg4, 10. Le2 Se2:, 11. De2: 0–0–0, 12. d3 De6, 13. 0–0 Sd5 und Schwarz hat in seinem Entwicklungsvorsprung einen genügenden Ersatz für den geopferten Bauern.

7. Se5–d3 ....

Gewiß, Weiß gewinnt auf diese Art ein Tempo, nimmt aber auch eine starke Hemmung seines Spieles in Kauf. Ob Schwarz auch nach 7. d3 etwas für seinen Bauern gehabt hätte, ist nicht ganz sicher: z. B. 7. ... d6, 8. Sf3 Lg4, 9. Le3.

7. .... Lc5–b6

8. e4–e5.

Wenn er wenigstens rochiert hätte! Der Bauernvorstoß ruiniert die weiße Stellung bereits bis auf den Grund, wie der Gegner durch messerscharfes Spiel beweist.

8. .... d7–d5!

9. Lc4–b3 ....

Auch nach 9. ef6: Te8†, 10. Kf1 dc4:, 11. Sf4 Df6: läge Weiß nicht gerade auf Rosen gebettet (12. d3 c6, 13. dc4: Lf5).

9. .... Lc8–g4

10. f2–f3 ....

10. .... Sf6–e4!

Ein Bombenzug! Es droht Sf3:† nebst Dh4†. Dieses Damenschach wäre auch bei 11. fg4: verderblich, ebenso die Rochade wegen des im Hintergrund lauernden Läufers b6.

11. Sc3×e4 d5×e4

12. f3×g4 ....

Oder 12. Sf2 Sf3:†, 13. gf3: Lf3:.

12. ... e4×d3

13. c2×d3 Dd8–g5

Während Schwarz einen Angriffszug nach dem anderen macht, spielt die halbe weiße Armee nicht mit. Tote Reserven!

14. g2–g3 Dg5×e5†

15. Ke1–f1 De5–f6†

16. Kf1–g2 Ta8–e8

17. h2–h4 ....

a) 17. Tf1 Dc6†, 18. Kh3 Dh6†, 19. Kg2 Te2†,

b) 17. Te1 Dc6†, 18. Kh3 Te1:, 19. De1: Te8.

17. .... Te8–e2†

18. Kg2–h3 h7–h5!

Womit der weiße König aus seinem Schlupfwinkel herausgeräuchert wird.

19. Dd1–f1 ....

Falls 19. Tf1, so 19. ... hg4:†, 20. Kg4: Tf2!, 21. Tf2: Df2:, 22. Kh3 Se2.

19. .... h5–g4†

20. Kh3×g4 Te2–f2

Weiß gab auf.

PARTIE 11

Das Loch auf f6

Muchnik—Lashmanov

(UdSSR 1961)

1. e2—e4 e7—e5
2. Sg1—f3 Sb8—c6
3. Lf1—b5 a7—a6
4. Lb5—a4 Sg8—f6
5. 0—0 Sf6×e4
6. d2—d4 b7—b5
7. La4—b3 d7—d5
8. d4×e5 Lc8—e6
9. c2—c3 Lf8—c5
10. Sb1—d2 ....

Die Motzko-Variante 10. Dd3 darf als entgiftet gelten, nachdem die Verbesserung 10. ... 0—0 11. Le3 f5 12. ef6: e. p. Df6:! 13. Ld5: Tad8 gefunden worden ist.

10. .... Se4×d2

11. Lc1×d2 0—0

12. Ld2—g5 Dd8—d7

Die Kritik hat 12. ... Le7 für stärker erklärt. Mit Recht, denn tauscht Weiß, verbessert er die schwarze Stellung (13. Le7: Se7:), geht er zurück (13. Le3), könnte der Gegner mit gleicher Münze zahlen (13. ... Lc5).

13. Dd1—d3 Lc5—e7

Also doch. Indessen ist die Situation jetzt, da die Züge 12. ... Dd7 und 13. Dd3 erfolgt sind, augenscheinlich eine andere.

14. Ta1—d1 Tf8—d8

Eine weitere Ungenauigkeit. Der andere Turm mußte nach d8.

15. Tf1—e1 Sc6—a5

16. Lb3—c2 g7—g6

17. Dd3—d4! ....

Ein kolossaler Zug, der mit Dh4 die schwarze Königsstellung aus den Angeln zu heben droht.

17. .... Le6—g4

Damit sperrt Schwarz zwar der weißen Dame den Weg nach h4, aber, wie sich gleich zeigt, nur vorübergehend.

Versucht werden mußte 17. ... Lg5: 18. Sg5: h6.

18. Lg5×e7 Lg4×f3

19. Le7—f6! Lf3×d1

Erzwungen, denn 19. ... Dg4 würde nach 20. Dg4: Lg4: 21. f3 die Qualität kosten.

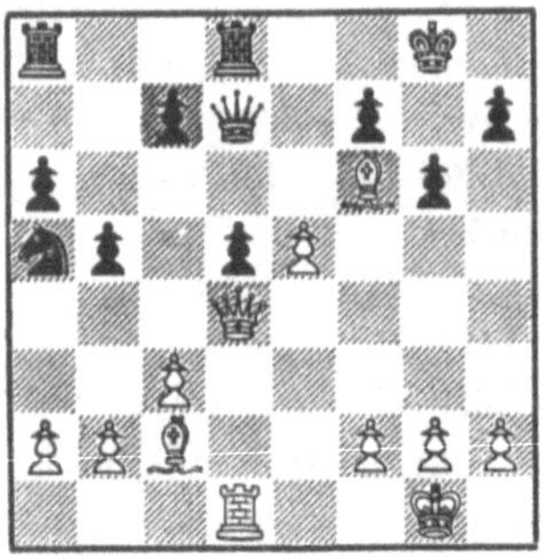

20. Te1×d1 Dd7—e8

Um notfalls von f8 aus das Mattfeld g7 zu decken. Mit 20. ... h5 war der Drohung Dd4—f4—h6 nicht zu begegnen: 21. Df4 Kh7 22. Td4! c5 23. Dg5! Kg8 24. Dh6.

21. Dd4—h4 Sa5—c4

Oder 21. ... Df8 22. Td3 h6 23. Tg3 Kh7 24. Dh5 (droht Lg6:) 24. ... Dg8 25. Dh6:†! Kh6: 26. Th3 matt.

22. Td1—d3 Td8—d6

Ein hübsches Matt ergäbe sich nach 22. ... h5 23. Dh5! gh5: 24. Tg3† Kf8 25. Lh7!

23. Dh4×h7†! nebst Matt in zwei Zügen.

Die gelegentliche Beschäftigung mit einem bestimmten Eröffnungsthema heißt nicht, einem törichten Spezialistentum frönen. Dem Leser und dem Kommentator geht es da wie dem Schatzgräber in Goethes Faust: das Blättern in Zeitschriften und in Büchern allein schon erweist sich als fruchtbar, und vollends erst das Nachspielen und Vergleichen von Partien mit derselben Eröffnung. Ohne Lernen und Wissen geht es nun einmal nicht; aber so wie auch Geld allein nicht glücklich macht, sein Besitz jedoch ungemein beruhigt, so das Gedächtnis. Es ist schon eine gute Sache, wenn man in der Eröffnung nicht überrumpelt werden und gesund und munter ins Mittelspiel hinüberwechseln kann.

Freilich, das Hineingelangen in die „Schachtheorie" wird für den Wissensdurstigen oft mit dem Gefühl des Unbefriedigtsein verbunden sein. Denn statt eine Lösung der Rätsel zu finden, sieht er immer neue auftauchen. Vielen Schachfreunden behagt das nicht und sie resignieren. Die Ausdauernden jedoch, die vom Eifer nach Erkenntnis Getriebenen, werden durch reiche Früchte belohnt werden. Nicht daß sie das ferne Land der Wahrheit fänden, wohl aber, daß sie sich in reiner Hingabe eines Gegenstandes bemächtigen, der der Forschung wert ist.

ITALIENISCH ZWEISPRINGER-SPIEL

PARTIE 12

Bestrafte Sorglosigkeit

Zach—Musil

(1954, Ort der Handlung unbekannt)

1.	e2–e4	e7–e5
2.	Sg1–f3	Sb8–c6
3.	Lf1–c4	Lf8–c5
4.	d2–d3	d7–d6
5.	Sb1–c3	Lc8–g4
6.	h2–h3	Lg4×f3
7.	Dd1×f3	Sg8–f6
8.	Lc1–e3	Lc5×e3
9.	f2×e3	0–0
10.	0–0–0	....

Verschiedenartige Rochaden führen, wie männiglich bekannt, fast immer zu lebhaften Kämpfen. Hier aber, wo das Material schon reduziert ist und angreifbare Bauernschwächen auf keiner Seite vorhanden sind, sollte es beim Sturm im Wasserglase sein Bewenden haben. Denn eine offene Linie macht noch keinen Sommer.

10.	....	a7–a6
11.	g2–g4	b7–b5
12.	Lc4–d5	Sf6×d5
13.	Sc3×d5	Dd8–d7

Es war die einfachste Sache von der Welt, nun auch noch die einzige wirklich gut stehende weiße Figur abzutauschen oder zurückzuwerfen, nämlich durch 13. ... Se7. Schwarz unterläßt dies, weil er sich augenscheinlich in völlige Sicherheit wiegt; die nächsten nichtssagenden Züge beweisen es.

14.	Td1–g1	Ta8–b8
15.	h3–h4	Sc6–d8
16.	g4–g5	c7–c6

Aha, also auf diese Weise will er des zudringlichen weißen Springers ledig werden. Allein ....

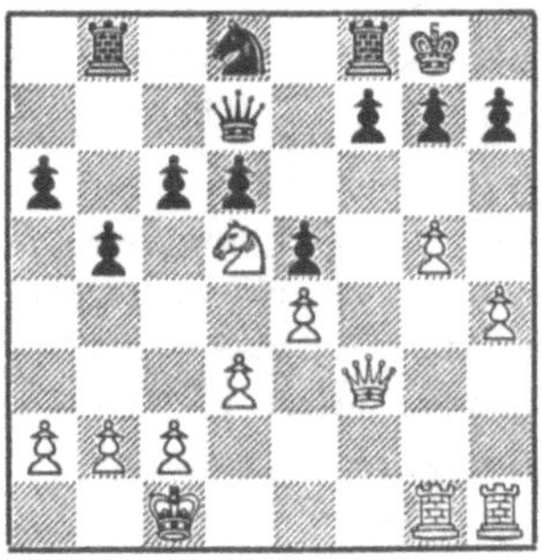

17. Sd5—f6†!	g7×f6
18. g5×f6†	Kg8—h8
19. Tg1—g7	Sd8—e6
20. Tg7×h7†!	Aufgegeben

(20.... Kh7:, 21. Dh5† Kg8, 22. Tg1†).

PARTIE 13

Massiertes schweres Geschütz

Brüchner—Tritzschler

(Zittau 1954)

1. e2—e4	e7—e5
2. Sg1—f3	Sb8—c6
3. Lf1—c4	Sg8—f6
4. d2—d4	....

So scharf diese Spielweise aussieht, so sehr tendiert sie doch wegen der damit verbundenen Vereinfachungen zum Remis. Theoretisch gesehen. Praktisch stellt sie in der Hand des Kundigen ein wirksames Kampfinstrument dar, weil man mit vielen Finessen vertraut sein muß, was in erster Linie für Schwarz gilt.

4.	e5×d4
5. 0—0	Sf6×e4
6. Tf1—e1	d7—d5
7. Lc4×d5	Dd8×d5
8. Sb1—c3	Dd5—a5

Der gebräuchlichste und auch bequemste Zug. Zum Ausgleich dürften auch 8.... Dd8 und 8.... Dh5 genügen, weniger hingegen 8.... Df5 und ganz und gar nicht 8.... Dc4.

9. Sc3×e4	Lc8—e6
10. Se4—g5	0—0—0

Der Bauer läßt sich nicht behaupten: 10.... Df5, 11. Sf7: Df7: oder Kf7:, 12. Sg5.

11. Sg5×e6	f7×e6
12. Te1×e6	....

Die oft untersuchte und doch noch nicht voll ergründete Ausgangsstellung dieser Eröffnung zum Mittelspiel. Von ihr meint Keres, Schwarz habe die etwas besseren Chancen, ohne daß jedoch die Remisbreite überschritten sei.

12. .... Lf8—d6

Die natürliche und stärkste Fortsetzung.

13. Lc1—g5 Td8—f8

Droht Tf3: nebst Dg5:. Doch ist auch 13.... Tde8 spielbar, z. B., 14. De2 Kd7, 15. Te1 De1:†! und Schwarz hat mit zwei Türmen für die Dame eine ausgezeichnete Partie.

14. Dd1—e2 ....

Danach wäre 14.... Tf3: wegen 15. Te8† ein grober Fehler.

14. .... Kc8—d7

Droht aufs neue Tf3:.

15. Lg5—h4	Da5—d5
16. Ta1—e1	Dd5×a2

Der Bauer a2 war unwichtig, wichtig war es, die Dame in ihrer zentralen Stellung zu belassen. Hier war Vorsicht der bessere Teil der Tapferkeit. Tf7 oder Sd8 waren angemessene Züge.

17. De2—e4! ....

Die Dame strebt nach g4.

17. .... h7—h5

Entflieht der König, käme er vom Regen in die Traufe: 17.... Kc8, 18. Dg4 Kb8, 19. Dg7: Db2: (sonst einfach Sd4:), 20. Dh8: Th8:, 21. Te8†

Sd8, 22. Th8:, mit entscheidendem Materialübergewicht.

18. Sf3×d4 Sc6×d4

Schwarz ist verloren. Z. B. a) 18. ... Sd8, 19. Ld8: nebst Db7:, b) 18. ... Db2:, 19. Sc6: bc6:, 20. Lg3 und mit dem Abtausch des Ld6 bricht die schwarze Stellung zusammen; die in der e-Linie massierten schweren Figuren haben gesiegt. Jetzt folgt ein fulminanter Schluß.

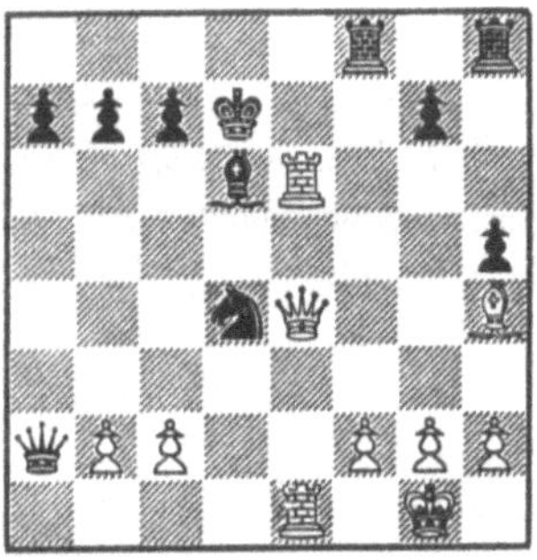

19. Te6×d6†! Kd7×d6

19. ... cd6:, 20. Db7: matt.

20. De4×d4† Da2–d5

Oder 20. ... Kc6, 21. c4!

21. Lh4–g3† Kd6–c6

22. Dd4–c3† und Schwarz wird matt oder verliert die Dame (22. ... Kb6, 23. Dc7:† Ka6, 24. Ta1†).

PARTIE 14

Geglückte Überraschung

Pelikan—Reichenbach

(Berlin 1961)

1. e2—e4 e7—e5
2. Sg1—f3 Sb8—c6
3. Lf1—c4 Sg8—f6
4. d2—d4 e5×d4
5. 0—0 Sf6×e4
6. Sb1—c3

Ganze Jahrhunderte werden hier in die Schranken gefordert. Denn vergebens sucht man in der Literatur vom erfinderischen Greco (um 1600) bis heute nach diesem verwegenen Zuge. Eine gewisse Ähnlichkeit besteht mit der Canal-Variante: 1. e4 e5 2. Sf3 Sc6 3. Lc4 Sf6 4. d4 ed4: 5. 0—0 Se4: 6. Te1 d5 7. Sc3. Vielleicht ist Weiß hierdurch inspiriert worden.

6. .... d4×c3

Schwarz will sich zeigen lassen, was der Gegner sich bei dem Opfer gedacht hat. Wahrscheinlich ist jedoch dabei das folgende zweite Opfer seiner Aufmerksamkeit entgangen oder falsch eingeschätzt worden. Solider war jedenfalls 6. ... Sc3: 7. bc3: d5.

7. Lc4×f7† Ke8×f7

8. Dd1—d5† Kf7—e8

Zwar hätte Weiß nach 8. ... Kf6 das Remis jederzeit in der Hand, nämlich 9. Lg5† Sg5: 10. Dg5:† Kf7 11. Dd5† (11. Se5† Kg8) 11. ... Kg6 12. De4† Kf7 13. Dd5† usw., wie die Partie aber nach 8. ... Kf6 von Weiß hätte gewonnen werden sollen, ist nicht ganz klar; z. B. 9. De4: h6.

9. Tf1—e1 Lf8—e7

10. Te1×e4 d7—d6

11. Lc1—g5! c3×b2

12. Ta1—e1 h7—h6

13. Lg5×e7 Sc6×e7

14. Dd5—h5†! ....

Nach 14. Te7:† De7: 15. Db5† c6 16. Te7:† Ke7: 17. Db2: Kf7 hätte

Schwarz, mit zwei Türmen gegen die Dame, sich verteidigen können.

14. . . . .　　　Ke8—f8

15. Sf3—g5!　　　g7—g6

15. . . . De8 führt zum Matt: 16. De8:† Ke8: 17. Te7:† Kd8 18. Sf7† oder 17. . . . Kf8 18. Tf7† Kg8 19. Te8†.

16. Dh5—f3†　　　Se7—f5

16. . . . . Lf5 17. Se6†.

17. Df3—c3!　　　. . . .

Das Ende. Nach 17. . . . Tg8 würde Schwarz elegant ins Jenseits befördert: 18. Te8† De8: 19. Sh7† Kf7 20. Df6†. Ein Epaulettenmatt in neuer Fassung.

17. . . . .　　　Dd8×g5

18. Dc3×h8†　　　Kf8—f7

19. Te4—e8　und Schwarz gab auf.

Die Partie zeigt einmal wieder, daß selbst in den ältesten Eröffnungen noch verborgene Möglichkeiten schlummern.

LÄUFERSPIEL
SCHOTTISCH
WIENER PARTIE
RUSSISCH
KÖNIGSGAMBIT

PARTIE 15

f7—f6 ist immer verdächtig

Grothe—Herr X.

(Vor einiger Zeit in Berlin gespielt)

1. e2—e4 e7—e5
2. Lf1—c4 Sg8—f6
3. Sg1—f3 Sf6×e4
4. Sb1—c3 Se4×c3
5. d2×c3 f7—f6

Und nicht 5. ... d6 wegen 6. Sg5.

6. 0—0 Lf8—e7

Hier steht Schwarz eine ganze Reihe von Zügen zu Gebote (Sc6, d6, De7, g6), nur der Textzug nicht. Die Strafe folgt auf dem Fuße.

7. Lc1—h6! ....

Verblüffend, aber vollkommen korrekt.

7. .... Ke8—f8

Auf 7. ... gh6: käme der Keulenschlag 8. Se5: mit der Todesdrohung Dh5†.

8. Sf3×e5! f6×e5

Oder 8. ... gh6:, 9. Dh5 De8, 10. Dh6: matt.

9. Dd1—d5! Dd8—e8
10. Dd5—f3† Le7—f6
11. Df3×f6† und Matt im nächsten Zuge.

PARTIE 16

In den Angriff hineinrochiert

Martin—Kozma

(Studentenmannschaftsturnier Oslo 1954)

1. e2—e4 e7—e5
2. Sg1—f3 Sb8—c6
3. d2—d4 ....

Die „schottische Partie" gehört zu den Eröffnungen, denen man kaum noch begegnet. Man sagt ihr nach, daß die frühzeitige Öffnung des Spieles dem Weißen keinen Eröffnungsvorteil verspreche, welchen anzustreben er als Anziehender doch immerhin sozusagen moralisch verpflichtet sei.

3. .... e5×d4

4. Sf3×d4 Lf8–c5

Die einfachste Form, Ausgleich zu erzielen, besteht zweifellos in 4. ... Sf6, 5. Sc6: bc6:, 6. Ld3 d5.

5. Sd4–b3 ....

Sicherlich nicht schlechter als das übliche Manöver 5. Le3 Df6, 6. c3 Sge7, 7. Sc2 Le3:, 8. Se3: De5, 9. Df3 0–0 oder 7. Dd2? d5!, 8. Sb5 Le3:, 9. De3: 0–0, 10. Sc7: Tb8.

5. .... Lc5–b6

6. a2–a4 a7–a6

7. a4–a5 ...

Doch dieser Vorstoß leistet nichts. Gut war 7. Sa3, um den Springer nach c4 zu führen (7. ... Sf6, 8. Ld3 d5, 9. ed5: Dd5:, 10. 0–0 0–0, 11. Sc4 La7, 15. Le3).

7. .... Lb6–a7

8. Sb1–c3 Sg8–f6

9. Lc1–g5 h7–h6

10. Lg5–h4 d7–d6

11. Lf1–e2 Lc8–e6

12. 0–0 ....

Eine alte Faustregel fordert: rochiere so bald wie möglich. Aber sie stimmt nicht immer und kann völlig falsch sein, wie zum Beispiel hier, wo Schwarz zum Bauernsturm bereit steht. 12. Dd2 war zu erwägen.

12. .... g7–g5

13. Lh4–g3 h6–h5

14. h2–h4 ....

Die weiße Königsstellung wird in jedem Fall erstürmt: 14. h3 Dd7 nebst h4 und g4, wobei Schwarz auch noch lang rochieren und den zweiten Turm nach g8 werfen kann.

14. .... Sf6–g4!

15. h4×g5 Dd8×g5

16. Dd1–d2 ....

Darauf hatte er vertraut, aber ...

16. .... Sg4–e3!

Droht h4.

17. Le2–f3 h5–h4

18. Lg3–h2 h4–h3

19. Sc3–d1

19. g3 half auch nichts mehr: 19. ... Se5, 20. Lh1 S5g4, 21. Lf3 Sh2:, 22. Kh2: Sf1:† oder 21. Tfe1 Sh2:, 22. Kh2: Sg4† 22. Kg1 Lf2:†.

19. .... h3×g2

20. Tf1–e1 Th8×h2!

Weiß gab auf.

PARTIE 17

Verlockend, aber schlecht

Sovan—Reyhon

(Tschechoslovakei 1954)

1. e2–e4 e7–e5

2. Sb1–c3 Sb8–c6

3. Lf1–c4 Lf8–c5

4. Dd1–g4 Dd8–f6

Schon vor 50 Jahren wurde der Nachweis erbracht, daß dieser Damenausfall nichts taugt. Dabei sieht er gut aus, denn g7 wird gedeckt und f2 angegriffen. Aber solches Wissen geht gelegentlich verloren, vornehmlich wenn es sich um selten angewandte Eröffnungen handelt. Die beste Verteidigung besteht in 4. ... g6, mit der etwaigen Fortsetzung 5. Dg3 d6, 6. Sf3 Le6, 7. Le6: fe6:, 8. 0–0 Sf6, 9. d3 De7; die Spiele stehen gleich.

5. Sc3–d5! Df6×f2†

6. Ke1–d1 Kg8–f8

7. Sg1–h3! Df2–d4

8. d2–d3 ....

Droht Damenfang durch c3.

8. .... d7–d6

9. Dg4–h4 ....

Noch stärker ist 9. Df3 (droht wiederum c3) 9.... Lh3:, 10. Tf1! und Schwarz wird Matt oder verliert die Dame.

9. .... Lc8×h3

10. Th1–f1! Lc5–b6

11. Dh4×h3 Sc6–d8

Um den neuralgischen Punkt f7 zu decken und der eigenen Dame Rückzugsfelder zu eröffnen

12. Dh3–d7! f7–f6

13. Lc1–h6! ....

Der Schlußpunkt unter die Affäre. Wenn 13. ... gh6:, so 14. Tf6:† Sf6:, 15. De7† Kg8, 16. Sf6: matt und wenn 13. ... Sh6:, so 14. De7† Kg8, 15. De8 matt.

13. .... Sd8–f7

14. Sd5×b6 Sg8×h6

15. Sb6×a8 Aufgegeben.

Die Bilanz weist einen Turm für Schwarz zu wenig aus.

PARTIE 18

Keres gegen Keres

Keres—C. H. O'D. Alexander

(Hastings 1954/55)

1. e2–e4 e7–e5

2. Sg1–f3 Sg8–f6

3. Sf3×e5 d7–d6

4. Se5–f3 Sf6×e4

5. d2–d4 d6–d5

6. Lf1–d3 Lf8–e7

7. 0–0 Sb8–c6

8. Tf1–e1 Lc8–g4

9. c2–c3 ....

Hierzu Keres selbst: „Dieser Zug mit der Folge 9. ... f5 und 10. c4 galt lange Zeit als sehr stark und wurde fast als eine Widerlegung der „Russischen Partie" angesehen. In Wirklichkeit stellt er ein schleppendes Manöver dar, das mit einem Tempoverlust verbunden und nicht nur ungefährlich ist, sondern im Gegenteil sogar Schwarz ausgezeichnete Chancen gibt". Wir sehen uns hier also vor die eigenartige Situation gestellt, daß der Keres am Brett etwas tut, was der Theoretiker Keres eigentlich zu tun verbietet.

Falls übrigens 9. Le4: de4:, 10. Te4:, so 10. ... Lf3:, 11. Df3: Sd4:.

9. .... Se4—f6

Ein unbegründeter Zeitverlust, der seine Ursache darin haben mag, daß Alexander argwöhnte, der Gegner habe irgendwelche neuen Varianten ausgeheckt.

Der „Theorie" zufolge ist 9. ... f5 das Richtige (10. c4 Lh4!)

10. Lc1—g5 Dd8—d7

Schwarz will lang rochieren, ein gefährliches Experiment in dieser Stellung. Aber Alexander, ein Angreifer und Taktiker von Rang wie Keres, hat sich noch nie gefürchtet. Solider war 10. ... 0—0.

11. Sb1—d2 0—0—0
12. Dd1—a4 h7—h6
13. Lg5—h4 g7—g5
14. Lh4—g3 Lg4×f3
15. Sd2×f3 g5—g4

Offenbar hat Alexander angenommen, der Springer dürfe nun nicht nach e5 gehen. Hätte er geahnt, was kommt, würde er sich mit 15. ... Sh5 eine halbwegs gleichstehende Partie gesichert haben.

16. Sf3—e5! Sc6×e5

Gewinnt Schwarz nicht eine Figur? (17. Da7: Sc6).

17. Ld3—f5!! ....

Ein Blitz schlägt ein!

17. .... Dd7×f5
18. Te1×e5 Df5—d3

Schade, daß Schwarz sich nicht zeigen ließ, wie Keres sich die Fortsetzung nach 18. ... Dd7 gedacht hatte. Sicherlich wäre nach 19. Da7: Dd6, 20. Tae1 ein guter Zug, ohne jedoch zu überzeugen. Stärker dürfte daher 20. c4! sein; z. B. 20. ... Sd7, 21. c5 Sc5: (21. ... Df6, 22. c6!), 22. dc5: Dc5:, 23. Da8† Kd7, 24. Db7:. Aus dieser Variante geht hervor, wie weit Keres bei seinem 17. Zuge rechnen mußte.

19. Te5×e7 Td8—d7
20. Te5—e3! Dd3—a6
21. Da4×a6 b7×a6
22. Lg3—e5 aufgegeben; es geht Material verloren.

PARTIE 19

Malheur in der e-Linie

Udovcic—Bertok

(Meisterschaft von Jugoslavien 1954)

1. e2—e4 e7—e5
2. Sg1—f3 Sg8—f6
3. d2—d4 e5×d4
4. e4—e5 Sf6—e4
5. Dd1×d4 ....

„Eine sichere Fortsetzung, bei der Weiß ein sehr gutes Spiel erlangt, wie die Beispiele aus der Spielpraxis erweisen" (Bilguer). Keres' Urteil lautet gedämpfter: „Weiß darf hierbei nicht auf Vorteil hoffen."

Unsere eigene Meinung: Weiß hat ein bequemes Spiel und behält eine Zeitlang die wenn auch nur leichte Führung der Partie.

5. .... d7—d5
6. e5×d6 i.V. Se4×d6
7. Lf1—d3 Sb8—c6
8. Dd4—f4 Lf8—e7
9. Sb1—c3 ....

Zum Vergleich sei eine andere Zugreihe aus der Turnierpraxis herangezogen: 9. 0—0 0—0, 10. Sc3 Se8, 11. Se4 Ld6, 12. Sd6: Dd6:, 13. Dh4 f5, 14. Lc4† Kh8, 15. Sg5 Dg6, 16. Lf4. Weiß steht besser. Hierbei und auch in unserer Partie zeigt sich, daß der Sd6 einem organischen Aufbau des schwarzen Spieles doch recht hinderlich ist.

9. .... Lc8—e6
10. 0—0 0—0
11. Lc1—e3 h7—h6
12. Tf1—e1 Dd8—c8

Man begreift, daß Schwarz sich mittels Lf5 gerne entlasten möchte. Hatte aber 12. ... Dd7 nicht den gleichen Dienst getan, ohne daß dem Le7 eine Deckung entzogen würde, was sich später als tödlicher Nachteil offenbart? In Betracht zu ziehen war auch 12. ... Se8, um das Feld d6 für die Dame oder den Läufer freizumachen.

13. Df3—g3 ....

Droht Lh6:

13. .... Kg8—h8
14. Sf3—d4! ....

Mit der handgreiflichen Drohung Se6: fe, Dg6 bzw. Se6: De6:, Ld4.

14. .... Sc6×d4

Der Traum von der Entlastung durch Sf5 oder Lf5 ist ausgträumt.

a) 14. .... Sf5, 15. Lf5: Lf5:, 16. Sc6: bc, 17. Lh6: gh, 18. Te7:,
b) 14. .... Lf5, 15. Sc6: bc, 16. Lh6:.

Man sieht, wie sehr der Zug 12. ... Dc8 dem schwarzen Spiel geschadet hat.

15. Le3×d4 Sd6—e8

Und was ist mit 15. ... Lf6?

Nach 16. Lf6: gf, 17. Df4 Kg7, 18. Tg3 Lf5, 19. Sd5! oder 18. ... Sf5, 19. Lf5: Lf5:, 20. Sd5 hätte wegen der Drohung Tg3† des Schwarzen letztes Stündlein geschlagen.

16. Sc3—d5! ....

Noch einmal das gleiche Motiv: der Le7 steht ungedeckt! Es leuchtet ein, daß Schwarz nach 16. ... Ld5:, 17. Te7: (droht Te8:!), 17. ... f6, 18. Dg6 Lg8, 19. Tael an Haupt und Gliedern gelähmt wäre. Z. B. 19. ... c5, 20. Le3 nebst Lh6:.

Und falls 16. ... Ld6, so 17. Dh4 f6, 18. De4 Lg8, 19. Dg6, mit ähnlicher Stellung.

16. .... Dc8—d8

Reumütige Rückkehr.

17. Te1×e6! Dd8×d5

17. .... fe, 18. Dg6.

18. Te6×h6† Aufgegeben

(18 ... Kg8, 19. Th8† Kh8:, 20. Dh3†).

PARTIE 20
Verschmähte Buchvariante

Matanovic—Kieninger
(Internationales Turnier Hamburg 1955)

1. e2—e4 e7—e5
2. Sg1—f3 Sg8—f6
3. d2—d4 e5×d4
4. e4—e5 Sf6—e4
5. Dd1×d4 d7—d5
6. e5×d6 i. V. Se4×d6
7. Lf1—d3 Sb8—c6
8. Dd4—f4 Dd8—e7†

Vgl. hierzu Partie 19. Das Damenschach ist offenbar von der Absicht diktiert, der Buchvariante 8.... Le7 aus dem Wege zu gehen. Der Lf8 soll nach g7 entwickelt werden, ein Manöver das sich indessen als sehr umständlich erweist. Euwe empfiehlt sofort 8.... g6 und nach 9. 0—0 Lg7, 10. Te1† Le6, 11. Sg5 0—0, 12. Se6: fe6:, 13. Dg4 das Bauernopfer 13.... Ld4, 14. De6:† Kh8.

9. Lc1—e3 g7—g6
10. Sb1—c3 Lc8—e6
11. 0—0 Lf8—g7
12. Tf1—e1 0—0

Die lange Rochade dünkte ihn wegen der Antwort 13. Da4 zu gefährlich. Mit Recht, denn auf 13.... a6 gewänne 14. La6: und 14.... Kb8 würde mit 15. Sd5! Dd7 (15.... Ld5:, 16. La7:†) 16. Sb4 nachdrücklichst beantwortet werden.

Auch 12.... Df6 sieht wegen 13. Dg3 wenig vertrauenerweckend aus, weil Schwarz danach sowohl mit Lg5 als auch mit Sd5 rechnen müßte.

13. Le3—c5 b7—b6

Eine weitere Schwächung der Stellung. Besser 13.... Dd7, 14. Tad1 Tfd8, wiewohl auch dann die schwarze Stellung äußerst verdächtig bliebe.

14. Lc5—a3 Lg7×c3

Die Beseitigung dieses gefährlichen Springers ist Schwarz die Hergabe seines Diagonalläufers g7, eigentlich des schönsten Stückes seiner Stellung, wert. Eben darin spricht sich jedoch schon ein halber Partieverzicht überhaupt aus, dann ohne den Lg7 ist die schwarze Königsstellung ohne rechten Halt.

15. b2×c3 De7—d7
16. Ta1—d1 Sc6—a5

Gegen Lb5 gerichtet.

17. Df4—h6 ....

Die Folgen des 14. Zuges sind nicht ausgeblieben; es droht Sg5, gegebenenfalls aber auch Se5 und dagegen gibt es keine Verteidigung

17. .... f7—f6

Anderes

a) 17.... Lc4, 18. Se5 mit Qualitätsgewinn;

b) 17.... La2:, 18. Lb5! Db5:, 19. Sg5;

c) 17.... f5, 18. Ld6:! cd6:, 19. Lb5! Db5:, 20. Sg5 Dd7, 21. Td6: oder 20.... Tf7, 21. Te6: Tg7, 22. Ted6: De8, 23. Se6, in beiden Fällen mit klarem Gewinn.

18. Ld3×g6! h7×g6
19. Dh6×g6† Kg8—h8
20. La3×d6 c7×d6

(Siehe Diagramm Seite 23)

21. Te1×e6! ....
21. Td4 Lg8!
21. .... Dd7×e6
22. Td1—d4

und das Matt ist nur durch entscheidenden Materialverlust aufzuhalten: 22. . . . Dc4, 23. Tc4: Sc4:, 24. Dh5† nebst Dg4† und Dc4:.

PARTIE 21

Ein König auf Wanderschaft

Eggink—Sassen

(Fernpartie, Holland 1953)

1. e2—e4 e7—e5
2. f2—f4 e5×f4
3. Sg1—f3 Lf8—e7
4. Lf1—c4 Sg8—f6

„Früher spielte man hier 4. . . . Lh4†, worauf Weiß zwar die Rochade verliert, in der Folge aber über verschiedene Angriffsdrohungen verfügt. Gemäß der heutigen Anschauung bildet der Textzug eine der ernstesten Bedrohungen des Königsgambits" (Euwe).

5\. Sb1—c3 . . . .

Die Alternative besteht in 5. e5. Auch dabei dürfte Schwarz nach dem gegenwärtigen Stand der Analysen und Erfahrungen nicht schlecht bedient sein: 5. . . . Sg4, 6. 0—0 Sc6, 7. d4 d5, 8. ed6: i. V. Ld6:.

Das letzte Wort ist indes noch nicht gesprochen.

5\. . . . . Sf6×e4

Das auch von anderen Eröffnungen her bekannte Scheinopfer.

6\. Lc4×f7† . . . .

Der Bauernrückgewinn in dieser Form ist fast immer falsch, weil er das schwarze Spiel nur entwickelt. Wollte Weiß sich nicht mit 6. Se4: d5, 7. Ld3 zufrieden geben, stand ihm die scharfe Spielweise 6. Se5 Sd6, 7. Lb3 Lh4†, 8. g3 hg3:, 9. 0—0 gh2:†, 10. Kh1 zur Verfügung

6\. . . . . Ke8×f7

7\. Sf3—e5† Kf7—e6

Frevelhafter Übermut! 7. . . . . Kg8, 8. Se4: d6 nebst 8. . . . d5, — und Schwarz stände vorzüglich.

8\. d2—d4! . . . .

Wahrscheinlich hatte Schwarz sich nur mit 8. Se4: d5 befaßt, was ihm in der Tat Vorteil gebracht hätte.

8\. . . . . Se4×c3

Sonst käme nur 8. . . . Sf6 in Frage. Die Folgen wären ebenso beklemmend wie in der Partie: 9. Lf4: d6, 10. d5† oder 9. . . d5, 10. De2.

9\. Dd1—g4† Ke6—d5

10\. b2×c3 Th8—f8

11\. Lc1×f4 . . . .

Natürlich ist man in derartigen Stellungen versucht, dem feindlichen König mit ein paar knappen Handgriffen den Hals umzudrehen. Merkwürdigerweise jedoch führt 11. c4† Kd4:, 12. Lb2† Kc5, 13. La3† Kb6, 14. c5† Ka6, 15. De2† b5, 16. cb6:† i. V. Kb7 zu nichts.

11\. . . . . Tf8×f4

Ein Feind weniger.

12. Dg4×f4 Le7–f6
13. 0–0 Dd8–g8
14. Tal–el ....

Gegen die Vollkonzentration der weißen Kräfte kann es keinen Widerstand geben.

Z. B.

a) 14. ... a6, 15. Df5 d6 (15. ... Kd6, 16. Sf7† Df7:, 17. Dc5 matt), 16. c4† Kd4:, 17. Df2†,

b) 14. ... b6, 15. c4† Kd6, 16. Sf7† Kc6, 17. De4†,

c) 14. ... c6, 15. c4† Ke6, 16. Df5†.

14. .... c7–c5

(Siehe Diagramm)

15. c3–c4† Kd5–e6

„Dem Vater grauset's ....".

16. Se5–c6† Ke6–f7
17. Tel–e7† Kf7–f8
18. Df4×f6! ....

Finis coronat opus!

18. .... g7×f6
19. Tf1×f6† Aufgegeben.

Der Wille zur Entscheidung bedingt, daß man den Gegner zum Kampf stellt, d. h. daß man den ersten Stoß zu führen trachtet, ihn angreift. Der Angriff enthält das positive Element des Kampfes, er schreibt dem Gegner das Gesetz des Handelns vor und ist daher das Primäre. Ohne das jemand angreift, ist auch kein Widerstand, keine Verteidigung denkbar. Diese letztere ist das Sekundäre, sie fängt den Stoß auf und befindet sich daher in der Hinterhand. Angriff und Verteidigung sind Formen des Kampfes.

Der Angreifer bestimmt das Gesicht des Kampfes. Aus der Verteidigung heraus gewonnen werden kann ein Kampf nur, wenn der Angreifer im Rückstoß geschlagen wird. Es ergibt sich daraus, so paradox es klingen mag, daß die Verteidigung, soll sie zu einem Mittel des Sieges werden, eine Abart des Angriffs ist. Der Unterschied beruht darin, daß der Angriff im eigentlichen Sinne der gerade Weg zur Entscheidung ist, die den Gegenangriff ins Auge fassende Verteidigung der mittelbare Weg. Eine rein passive Verteidigung, die sich nur auf Abwehr beschränkt oder aus letzter Not beschränken muß, darf keine großen Ergebnisse erhoffen.

In der lebendigen Wirklichkeit des Kampfes, der ja das Aufeinandertreffen zweier feindlicher Willen in sich begreift und darum ein dynamisches System entgegengesetzter Kräfte darstellt, ist nun die Entscheidung, ob Angriff oder Verteidigung, nicht von dem einen oder dem anderen allein abhängig und keine einmalige, unwiderrufliche. Die Wechselfälle des Kampfes lassen sich von keinem der Beteiligten von vornherein übersehen, die feindliche Einwirkung kann uns zwingen, unsere Absichten zu ändern und den Erfordernissen der jeweiligen Lage anzupassen. Der endgültige Sieg jedoch fällt zusammen mit dem letzten entscheidenden Angriff.

Im engen Rahmen des Schachkampfes nun sind die objektiven Verhältnisse anders gelagert, Angriff und Verteidigung treten in abgewandelter Gestalt auf. Denn es wäre vermessen, Krieg und Schach miteinander vergleichen zu wollen, und wir sind von nichts weiter entfernt. Denn der Kriegsschauplatz im Schach ist ewig der gleiche, zweidimensional und auf 64 Felder beschränkt. Die Begrenzung des Raumes gestattet dem Verteidiger kein Ausweichen, er muß sich stellen, wann und wo der Angreifer es will. Die Streitkräfte entsprechen einander zu Beginn der Partie bis auf den letzten Gamaschenknopf, dazu sind sie symmetrisch aufgestellt. Ein Kampf unter gleichen Chancen. Aber das stabile Gleichgewicht am Anfang geht schon mit dem ersten Zuge in einen höchst labilen Zustand über, eine Unzahl von Möglichkeiten steht wie von Zauberhand heraufbeschworen da. Das Ungewisse umfängt die Kämpfenden schon, nachdem sich eben erst ein paar Bauern in Bewegung gesetzt haben und schafft jene Atmosphäre, in der die schöpferische Kraft ihre Schwingen frei entfalten kann.

Ganz im Gegensatz zum Krieg besitzen im Schachkampfe Angreifer und Verteidiger ein lückenloses „Feindbild", denn alle Bewegungen spielen sich bei strengem Nacheinander in voller Öffentlichkeit ab. Daher kommt der Überraschung im Schach keine so überragende Bedeutung zu, und zwar um so weniger, je geringer der Unterschied in der Spielstärke ist. Bei nicht gleich guten oder nicht gleich erfahrenen Spielern kann der Starke das Risiko erhöhen, die Spannung verschärfen, ja bis zur Tollkühnheit überspitzen. Schockwirkung und Schrecksekunde sind dann die Wegbereiter des Erfolges.

Wenn das Wesen des Angriffs darin liegt, daß der Angreifer den Gegner aufsucht, um eine Entscheidung zu erzwingen, dann kann in der Schachpartie zu allen Zeiten und selbst bei weitgehender beiderseitiger Herabminderung der Streitkräfte angegriffen werden. Dem ist in der Tat so. Allein, in der Schachsprache hat sich das stillschweigende Übereinkommen herausgebildet, daß man unter Angriff Königsangriff versteht, also die auf unmittelbare Entscheidung abzielende Kampfhandlung. Meinen wir einen anderen Angriff, so heben wir dies besonders hervor, etwa: Unzicker gewann durch Angriff auf dem Damenflügel, oder Richter siegte in einem energisch geführten Turmendspiel.

Der Königsangriff ist die für den Verteidiger gefährlichste Schwerpunktbildung auf den 64 Feldern. Wir befinden uns da ganz im Reiche der Taktik. Königsangriff bedeutet Schlacht, nicht Manöver. Sein Ergebnis kann sein: Matt, Materialgewinn oder Stellungsübergewicht, welch letzteres beides dann die Grundlagen für den weiteren Kampf abgibt. Sein Kennzeichen ist die Drohung mattzusetzen. Daß die Mattgefahr beim Königsangriff dem Verteidiger eine erhöhte Verantwortung aufbürdet, liegt auf der Hand, sie belastet ihn psychologisch weitgehend, im Gegensatz zum Angreifer, der diese Sorge nicht hat. Wohl und Wehe des Verteidigers hängen oft an einem Zuge.

Im Wagen, in der Kühnheit liegt das Geheimnis des Erfolges, ihr Feld ist das Angreifen, ihr Ziel der große Vernichtungsschlag. Der Starke braucht und sucht die Gefahr, die vielfältige Spannung, er vertraut seiner Schnellkraft, glaubt an seine Leistungsfähigkeit, und in seiner Hand verwandelt sich das Risiko geradezu in eine Waffe. Die Vorsicht hingegen, meist der Mittelmäßigkeit vermählt, strebt nach Sicherheit. Wo aber die Vorsicht und mangelndes Selbstvertrauen herrscht, da wird auch oft genug das blitzende Vergeltungsschwert des Gegenangriffs in der Scheide stecken bleiben.

SIZILIANISCH

PARTIE 22

Vorzeitiger Springerausfall

Galula—Leone

(Meisterschaft von Frankreich 1954)

1.	Sg1–f3	c7–c5
2.	e2–e4	d7–d6
3.	d2–d4	c5×d4
4.	Sf3×d4	Sg8–f6
5.	Sb1–c3	Sb8–c6
6.	Lf1–e2	g7–g6
7.	Lc1–e3	Lf8–g7
8.	0–0	0–0

Die Grundstellung der „Drachenvariante", von wo aus sich ein ganzes Variantennetz verzweigt: 9. Kh1, 9. h3, 9. f3, 9. f4, 9. Sb3 und 9. Dd2. Laut Euwe ist 9. Sb3 die für Weiß nachhaltigste Fortsetzung, doch seien wahrscheinlich auch 9. f4 und 9. Dd2 empfehlenswerte Spielweisen. Auf die drei anderen Züge jedoch erlangt Schwarz durch d5 sofortigen Eröffnungsausgleich.

9.	Dd1–d2	a7–a6
10.	f2–f4	....

Die Beseitigung des Drachenläufers auf g7 bringt Weiß nichts ein: 10. Sc6: bc, 11. Lh6 Lh6:, 12. Dh6: Tb8, 13. b3 Da5, 14. De3 h5.

10.	....	Lc8–d7
11.	Le2–f3	Ta8–c8
12.	Ta1–d1	Sc6–a5
13.	Dd2–f2	....

Statt dessen kann Weiß durch 13. b3 das Eindringen des Springers nach c4 für immer verhindern, mit der etwaigen Folge 13. ... Sc6, 14. Sc6: Lc6:, 15. Ld4 Dc7, 16. e5 Se8, 17. De3 de5:, 18. fe5: Lf3:, 19. Tf3: Dc6 und gleichem Spiel.

13.	....	Sa5–c4
14.	Le3–c1	Dd8–b6

In diesem Bereich des „Sizilianers" steht die schwarze Dame auf b6 fast immer schlecht, insbesondere dann, wenn der schwarze b-Bauer noch nicht gezogen hat. 14. ... b5 hätte der Stellung mehr entsprochen, wie ja überhaupt der Damenflügel das Operationsfeld des Schwarzen ist. Auch

14. ... Sg4 schon an dieser Stelle war zu erwägen. •

15.	b2–b3	Sc4–a5
16.	Lc1–b2	Sf6–g4

Der Fehler! 16. ... Sc6 war am Platze.

17.	Lf3×g4	Ld7×g4
18.	Sc3–d5	Db6–d8
19.	Df2–h4!	Lg4×d1
20.	Sd5×e7†	Kg8–h8
21.	f4–f5!	....

Ein gewaltiger Zug! Obwohl er einen ganzen Turm mehr hat, ist Schwarz rettungslos verloren. Es droht sowohl f6 wie auch fg; z. B. 21. ... f6, 22. fg6: h6, 23. Sdf5. Nur ein Zug steht Schwarz zur Verfügung, um dem Unheil wenigstens für kurze Zeit Einhalt zu gebieten, nämlich

21.	....	g6–g5
22.	f5–f6!	Dd8×e7

Falls 22. ... gh4:, so 23. fg7:† nebst Matt durch Sdf5. Und wenn 22. ... Lf6:, dann 23. Dh6 De7:, 24. Tf6: und die Demaskierung der Diagonale b2–h8 entscheidet; z. B. 24. ... De4:, 25. Se6.

23.	f6×g7†	Aufgegeben.

(23. ... Kg8, 24. Sf5).

PARTIE 23

Rehabilitiert?

Jovcic—Kazic

(Jugoslavische Fernschachmeisterschaft 1954)

1.	e2–e4	c7–c5
2.	Sg1–f3	Sb8–c6
3.	d2–d4	c5×d4
4.	Sf3×d4	Sg8–f6
5.	Sb1–c3	d7–d6
6.	Lc1–g5	e7–e6
7.	Dd1–d2	Lf8–e7
8.	0–0–0	0–0
9.	f2–f4	e6–e5
10.	Sd4–f3	Lc8–g4

Eine viel diskutierte Variante, bei der Schwarz zwar dem Gegner die g-Linie öffnet, selbst jedoch den Zentralpunkt d4 in seine Gewalt bringt.

11.	h2–h3	Lg4×f3
12.	g2×f3	Sc6–d4
13.	f4×e5	d6×e5

Der Zwischenzug 13. ... Sf3: scheitert daran, daß Weiß seine Dame einfach stehen läßt und vergnüglich weiterfrißt: 14. ef6: Sd2:, 15. fe7: Da5, 16. ef8:† Tf8:, 17. Ld2:.

14.	Th1–g1	Ta8–c8!

In der schönen Partie Kortschnoj—Geller, Kiew 1954, die damals die Runde durch alle Schachzeitungen machte, zog der letztere 14. ... Sf3: und erlebte eine schreckliche Niederlage: 15. Df2 Db6, 16. Le3 Sd4, 17. Td4:! ed4:, 18. Ld4: Dd8, 19. Sd5 Se8. 20. Dg3 f6, 21. Lc4 Tf7, 22. Sf4 Ld6, 23. Lf7:† Kf7:, 24. Db3† Ke7, 25. Lf6:†! aufgegeben.

Im Anschluß hieran wurde als Verbesserung 14.... Tc8 empfohlen, der Zug also, den Kazic in unserer Partie ausprobiert.

15. Lg5—h6 g7—g6

Um das Qualitätsopfer kommt Schwarz nicht herum, da 15.... Sc8, 16. Dg2 Lf6, 17. Lb5!, was Le8: nebst Lg7: droht, offensichtlich zu seinem Nachteil ausschlüge. Aber das war bereits bei 14.... Tc8 einkalkuliert.

16. f3—f4 ....

Warum Weiß darauf verzichtet, den Turm sogleich zu schlagen, ist nicht recht erfindlich. Freilich behielt Schwarz auch dann gute Chancen; z. B. 16. Lf8: Lf8:, 17. Sb5 Lc5 und falls nun 18. Sd4: Ld4:, 19. Tg2, so 19.... Db6, mit der Doppeldrohung Le3 und Db2:†.

16. .... Dd8—a5!

17. Lh6×f8 ....

Auf 17. fe5: stand Schwarz das starke Figurenopfer 17.... Tfd8, 18. ef6: Lf6:! zu Gebote, aber auch die einfache Fortsetzung 17.... Sf3, 18. De3 Se5:. Der Druck auf die weiße Königsstellung bliebe in jedem Falle gewaltig.

17. .... Le7×f8

18. f4×e5 Sd4—f3

19. Dd2—d3 ....

19. .... Tc8×c3!

Famos! Weiß gab auf, weil er sowohl nach 20. Dc3: Da2:, 21. Df3: Lh6† als auch nach 21. b3 La3† matt wird, zu schweigen von 20. bc3: Da2:.

PARTIE 24

Kannte er die „Theorie" nicht?

Nilsson—Geller

(Schweden—UdSSR, Stockholm 1954)

1. e2—e4 c7—c5
2. Sg1—f3 Sb8—c6
3. d2—d4 c5×d4
4. Sf3×d4 Sg8—f6
5. Sb1—c3 d7—d6
6. Lc1—g5 e7—e6
7. Sd4×c6 b7×c6
8. e4—e5 ....

An der Wiege dieser Spielweise (6.—8. Zug) haben der deutsche Meister Richter und der russische Meister Rauzer Pate gestanden. Mit ihr hat Weiß früher viele Sturmsiege erfochten. Heute allerdings hat sie ihre Schrecken verloren, weil man die Gegengifte kennt. Auf 8.... de5: soll 9. Df3 folgen.

8. .... Dd8—a5!

9. Lf1—b5 ....

Dies ist in höherem Sinne wohl schon der eigentliche Fehler in der Partie, was zwar Geller, anscheinend indessen nicht Nilsson wußte. Richtig ist 9. Lf6: gf6:, 10. ed6:.

9. .... c6×b5

10. e5×f6 b5—b4

11. Sc3—e4 Da5—e5

12. f2—f3 d6—d5

13. Dd1—d2 ....

Trotz des Fehlgriffs von Weiß im 9. Zuge ist die Sache so einfach für Schwarz keineswegs. So würde er nach 13. ... de4:, 14. fg7: die Doppeldrohung Dd8† und gh8: nicht parieren können.

13. .... h7—h6

14. Lg5—h4 g7—g5!

15. Lh4—g3 De5×b2

16. Ta1—d1 Lc8—a6

Der Springer e4 war wegen der Mattdrohung auf d8 immer noch nicht zu nehmen.

17. Se4—d6† Lf8×d6

18. Lg3×d6 Ta8—c8

Nun wird der Druck in der c-Linie für Weiß sehr unangenehm. Immerhin hat er die Genugtuung, daß der schwarze König nicht rochieren kann. Ob sich daraus vielleicht noch ein wenig Seide spinnen ließe?

19. Td1—c1 Tc8—c4

20. 0—0 Ke8—d7

21. Ld6—e7 Th8—c8

22. Tf1—f2 ....

Ein naheliegender Zug, der jedoch einen blitzartigen Schluß zuläßt. Nach 22. De3! wäre das Lied noch nicht ausgesungen gewesen.

22. .... Tc4×c2!

23. Dd2×c2 ....

Wenn 23. Tc2:, so 23. ... Db1†.

23. .... Db2×c1†!

Das war Tells Geschoß! Weiß wird matt.

PARTIE 25

Auf den Spuren Laskers

Ciocaltea—Soos

(Rumänische Meisterschaft 1954)

1. e2—e4 c7—c5
2. Sg1—f3 Sb8—c6
3. d2—d4 c5×d4
4. Sf3×d4 Sg8—f6
5. Sb1—c3 d7—d6
6. Lf1—c4 e7—e6
7. 0—0 a7—a6

Es mag Auffassungssache sein, ob die Zugfolge 7. ... Le7, 8. Le3 0—0 dem Partieaufbau des Nachziehenden dienlicher ist.

8. Lc4—b3 Dd8—c7
9. Lc1—e3 Sc6—a5
10. f2—f4 b7—b5
11. f4—f5 Sa5—c4

Wenn Schwarz hier dem Tausch 11. ... Sb3: ausweicht, dann mutmaßlich, weil er dem Gegner nicht die c-Linie öffnen will. Doch war dies zu fürchten? In der Partie Keres—Taimanov, Kandidatenturnier Zürich 1953, erlangte der letztere nach 11. ... Sb3:, 12. cb3: Le7, 13. Tc1 Dd7, 14. fe6: fe6:, 15. b4 0—0 eine beengte, aber feste Stellung. Er durfte damit immerhin zufriedener sein als Schwarz hier nach dem zweifelhaften Zuge 11... Sc4 mit der seinen.

12. Lb3×c4 Dc7×c4

Dieselbe Stellung kam in der Partie Lasker—Pirc, Moskau 1935, vor.

13. f5×e6 f7×e6

Gibt Weiß Gelegenheit zu einer spritzigen Kombination. 12.... Le6: flößt zwar auch kein besonderes Vertrauen ein, ist aber keineswegs aus dem Handgelenk zu widerlegen. Schwarz konnte dann noch lange kämpfen, hatte noch Chancen, — und darauf kommt es in der Schachpartie an. Denn so lange ich kämpfen kann, lebe ich!

14. Tf1×f6! ....

Laskers Gedanke in neuer Auflage.

14. .... g7×f6

15. Dd1—h5† Ke8—e7

Die Partie Lasker-Pirc ging wie folgt aus: 15.... Kd8, 16. Df7 Ld7, 17. Df6:† Kc7, 18. Dh8: Lh6, 19. Se6:† De6:, 20. Da8: Le3:†, 21. Kh1 aufgegeben.

16. e4—e5! d6×e5

Oder 16.... fe5:, 17. Lg5† usw.

17. Sd4—b3 ....

Droht Lc5†.

17. .... Lc8—b7

18. Sb3—a5 Dc4—c7

19. Sa5×b7 Dc7×b7

20. Le3—c5† Aufgegeben.

(20.... Kd7, 21. Td1† Kc6, 22. Df3† Kc7, 23. Td7†! mit Damengewinn.)

PARTIE 26

Falsche Manöver auf dem Damenflügel

Bhend—Lokvenc

(Schacholympiade Amsterdam 1954)

1. e2—e4 c7—c5
2. Sg1—f3 Sb8—c6
3. d2—d4 c5×d4
4. Sf3×d4 Sg8—f6
5. Sb1—c3 d7—d6
6. Lf1—e2 e7—e6

Die Scheveninger Variante stellt Schwarz vor ausgesucht schwierige Verteidigungsprobleme, aus welchem Grunde heute die Boleslawski-Variante 6.... e5 oder auch die Drachenvariante 6.... g6 häufigeren Zuspruch findet.

7. 0—0 a7—a6
8. Lc1—e3 Lf8—e7
9. f2—f4 Dd8—c7
10. Dd1—e1 0—0

10. ... Ld7, 11. Dg3 g6 sieht auch nicht sehr einladend aus.

11. De1—g3 Tf8—d8

Auf diese Weise hält er sich die nötige Bewegungsfreiheit für die Verteidigung offen: 1. kann er den Damenläufer über d7 nach e8, 2. den Le7 nach f8 und 3. den Sf6 nach e8 bringen. Trotzdem bleibt die schwarze Stellung gefährdet, wie zahlreiche Beispiele aus der Turnierpraxis beweisen. Vor allem muß Schwarz immer mit dem Vorstoß e4—e5 rechnen.

12. Ta1—d1 Ta8—b8

Er möchte 12. ... b5 ziehen, ohne in die Schußlinie f3—a8 zu geraten: 13. Sc6: Dc6:, 14. Lf3! Es wird sich jedoch bald zeigen, daß Schwarz mit dem Turmzug vom Regen in die Traufe geraten ist. Angezeigt war 12. ... Ld7!

13. Kg1—h1 Sc6×d4

Fortsetzung des verfehlten Planes. Immer noch war 13. ... Ld7 der richtige Zug.

14. Le3×d4 b7—b5

15. e4—e5 ....

Eben hat Schwarz sein Ziel erreicht, da bricht das Gewitter auch schon los.

15. .... Sf6—e8

Offenbar verbiete sich 15. ... de5: wegen 16. Le5:, ein Beweis dafür, wie schlecht der Turm auf b8 steht und wie sehr Schwarz mit 13. ... Sd4: des Gegners Geschäfte besorgt hat.

16. e5×d6 Le7×d6

17. Sc3—e4 ....

Droht in erster Linie Sd6:, worauf Schwarz wegen des Matts auf g7 mit dem Turm wiedernehmen müßte und dann durch Le5 die Qualität einbüßen würde.

17. .... f7—f6

Allenfalls könnte man noch 17. ... f5 versuchen, doch ergibt eine nähere Prüfung, daß Weiß auch dann entscheidend am Ruder bleibt: 18. Sd6: Sd6:, 19. Le5 und Schwarz wird sich aus der Umstrickung nicht befreien können. Z. B. 19 ... De7, 20. Td3 Tb6, 21. Tfd1 Lb7 (21. ... Sb7, 22. Td8:† Sd8:, 23. Td8:† Dd8:, 24. Dg7: matt), 22. Df2 Tc6, 23. Lf3.

18. Se4×f6† Se8×f6

19. Ld4×f6 Td8—f8

20. Lf6×g7! Ld6×f4

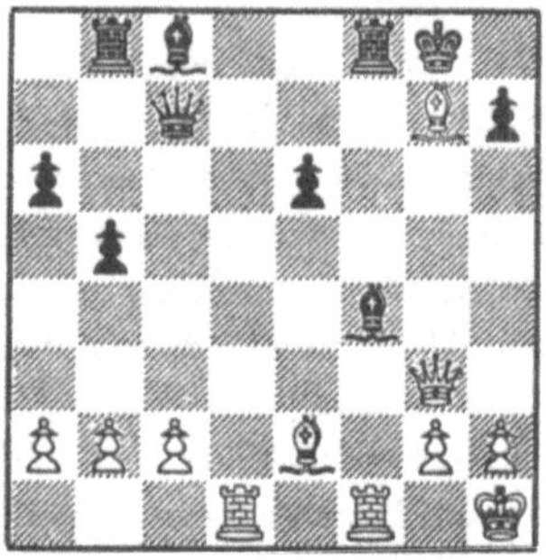

21. Lg7—h6†!! **Aufgegeben.**

(21. ... Lg3:, 22. Tf8: matt oder 21. ... Kh8, 22. Lf4:).

PARTIE 27

Mit der Schärfe des Schwertes

Shiskin—Below

(UdSSR, 1960)

1. e2—e4 c7—c5
2. Sg1—f3 d7—d6
3. d2—d4 c5×d4
4. Sf3×d4 Sg8—f6
5. Sb1—c3 a7—a6
6. Lc1—g5 Sb8—d7
7. Lf1—c4 Dd8—a5

Von fraglichem Wert, wie die Erfahrung gelehrt hat.

8. Dd1—d2 e7—e6
9. 0—0 ....

Auch nach 9. 0—0—0 b5 10. Lb3 Lb7 11. The1 Le6 12. f4 oder 11. ... Tc8 12. Lf6: Sf6: 13. e5 ergeben sich für Weiß freundliche Horizonte.

9. ....   h7—h6

Zum Vergleich zitieren wir eine zwei Jahre später in Kiel gespielte Partie Süß-Wocke: 9. ... b5 10. Ld5! ed5: 11. ed5: Lb7 12. Tae1† Kd8 13. Sc6† Lc6: 14. dc6: Sc5 15. Dd4 Se6 16. Lf6:† Kc7 17. Sd5† Kc6: 18. Te6:! fe6: 19. b4 Da2: 20. Db6† Kd5: 21. Db7† Kc4 22. De4 matt.

10. Lg5—h4   b7—b5

Mit diesem Vorstoß muß man im „Sizilianer" sehr vorsichtig sein. Auch an dieser Stelle erweist er sich als verfrüht. Geboten war 10. ... Le7.

11. Lc4—d5!   ....

Erstaunlich! Das Opfer basiert auf der offenen e-Linie und der Schwäche des Feldes c6. So verbietet sich 11. ... Ta7 oder 11. ... Tb8 wegen 12. Sc6. Aus diesem Grunde muß das Angebot akzeptiert werden.

11. ....   e6×d5

12. e4×d5   g7—g5

Hiernach geht es in rasender Fahrt bergab. Doch sieht Schwarz sich auch bei anderen Fortsetzungen mannigfachen Schwierigkeiten gegenüber.

a) 12. ... Le7 13. Sc6 Db6 14. Tae1 Se5 15. Se5: de5: 16. Te5:;

b) 12. ... Sc5 13. Tfe1† Kd7 14. a3 Db6 15. b4 Sa4 16. Sa4: ba4: 17. c4;

c) 12. ... Se5 13. f4 Sg6 14. Tfe1† Le7 15. Lf6:† gf6: 16. Te3.

Diese Variante c) dürfte für Schwarz die beste sein.

13. Ta1—e1†   Sd7—e5

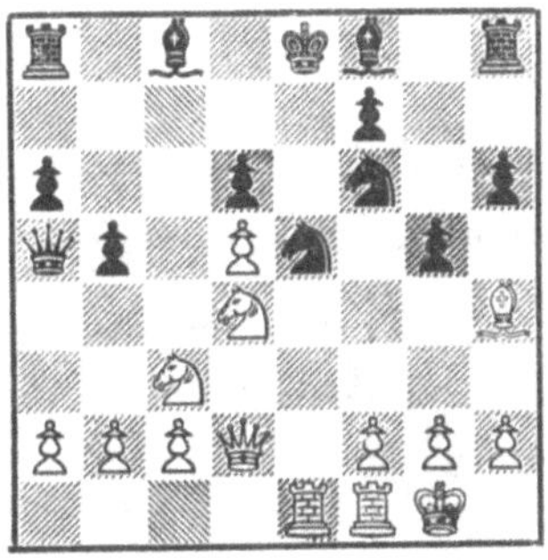

14. f2—f4!   Sf6—d7

Schwarz muß die Figur zurückgeben, denn die Folgen von 14. ... gh4: 15. fe5: Sd5: 16. ed6:† Kd7 17. Tf7:† wären noch beklagenswerter.

15. f4×e5   d6×e5

Oder 15. ... Se5: 16. Sc6 Dc7 17. Se5: de5: 18. Lg3 Ld6 19. Se4, mit Gewinnstellung.

16. Lh4—g3   f7—f6

17. Kg1—h1   Lf8—b4

18. Sd4—c6   Lb4×c3

19. Dd2—d3!   ....

Die Krönung des Opferspiels. Die Dame „hängt", der Läufer „hängt" — und der König „hängt".

19. . . . . Lc3×e1
20. Dd3—g6† Ke8—f8
21. Tf1×f6†! Sd7×f6
22. Dg6×f6†

und Matt in zwei Zügen.

PARTIE 28

Sünde wider den Geist der Eröffnung

Kopriva—Brabic

(Brünn 1954)

1. e2—e4 c7—c5
2. Sg1—f3 d7—d6
3. d2—d4 c5×d4
4. Sf3×d4 Sg8—f6
5. Sb1—c3 a7—a6
6. f2—f4 e7—e6
7. Lf1—d3 Lf8—e7
8. Lc1—e3 . . . .

Es ist eine Art Paulsen-Variante des Sizilianers entstanden. In ihr besteht das strategische Ziel darin, ein Spiel gegen den Punkt e4 zu organisieren, und zwar durch b7—b5, Lb7 und Sb8—d7—c5. Weil er dies versäumt, scheitert Schwarz.

8. . . . . Lc8—d7
9. 0—0 Sb8—c6
10. Dd1—f3 b7—b5

Jetzt ist dies ein schwerer Mißgriff. 10. . . . Dc7 war vonnöten.

11. e4—e5! Sf6—d5

Der Entlastungsversuch 11. . . . Sd4: scheitert an 12. Ld4: Sg8, 13. ed6:.

12. Sc3×d5 e6×d5
13. e5—e6! f7×e6
14. Df3—h5† Ke8—f8

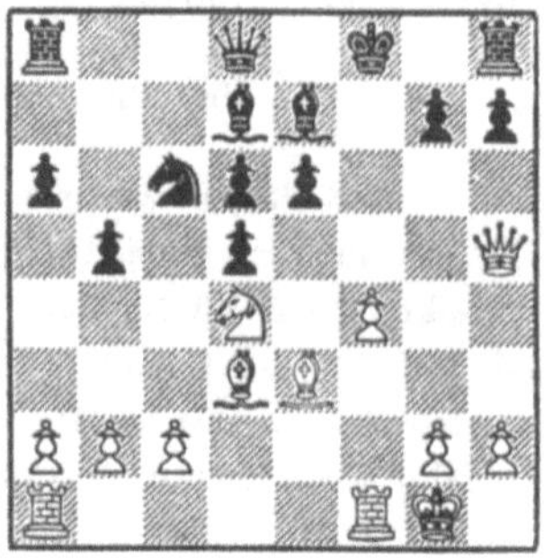

15. f4—f5! e6—e5

Anderes: a) 15. . . . ef5:, 16. Lf5: Lf6, 17. Ld7: Dd7:, 18. Dd5:, mit Gewinnstellung;

b) 15. . . . Lf6, 16. fe6: Le8, 17. Tf6:† Df6: (17. . . . gf6:, 18. Lh6† Ke7, 19. Sc6:† Lc6:, 20. Df7 matt), 18. Dd5: De5. 19. Tf1† Ke7, 20. Lg5† bzw. 19. . . . Kg8, 20. e7† nebst Matt.

16. Sd4—e6† Aufgegeben

(16. . . . Le6:, 17. fe6:† Lf6, 18. Df7 matt.)

PARTIE 29

Aus allen Wolken gefallen

Stein—Portisch

(Stockholm 1962)

1. e2—e4 c7—c5
2. Sg1—f3 e7—e6
3. d2—d4 c5×d4
4. Sf3×d4 a7—a6
5. Lf1—d3

Zur Schablone 5. Sc3 besteht kein Zwang; die Entwicklung des Damenspringers soll vorbehalten bleiben. Ein guter Gedanke.

5.	Sg8—f6
6. 0—0	Dd8—c7
7. Sb1—d2!	Sb8—c6
8. Sd4×c6	b7×c6

Die Frage, ob so oder 8. . . . dc6:, ist nicht leicht zu beantworten. In letzterem Falle könnte Schwarz eventuell lang rochieren, was nach 8. . . . bc6: natürlich so gut wie ausgeschlossen ist. Man prüfe die Zugfolge 8. . . . dc6: 9. f4 e5 10. fe5: De5: 11. Sf3 Dc5† 12. Kh1 Lg4 nebst 0—0—0.

9. f2—f4	Lf8—c5†

Ein solches Tempogewinn läßt man sich nicht gern entgehen. Den Vorzug verdiente aber doch wohl 9. . . . d6, um mit dem Läufer nach 10. Sf3 e5 11. fe5: de5: 12. Sh4 auf e7 posto zu fassen. Auf c5 fällt er später für die Verteidigung aus.

10. Kg1—h1	d7—d6
11. Sd2—f3	e6—e5
12. f4×e5	d6×e5
13. Sf3—h4!	0—0
14. Sh4—f5	Lc8—e6

In Betracht kam auch 14. . . . Lf5: 15. Tf5: Le7, eine Fortsetzung, die den Vorteil hatte, daß der gefährliche weiße Springer in der Versenkung verschwand.

15. Dd1—e2	a6—a5
16. Ld3—c4	Kg8—h8

Ein Sicherungszug zuviel. Sofort 16. . . . Sd7 war am Platze.

17. Lc1—g5	Sf6—d7
18. Ta1—d1	Sd7—b6

Dieser Springerzug gestattet eine prächtige Schlußkombination und sei darum hoch gepriesen. Eine Chance am Leben zu bleiben, behielt Schwarz bei 18. . . . Lf5: 19. Tf5: Sb6.

19. Sf5×g7!	Le6×c4

Anderes: a) 39. . . . Kg7: 20. Lf6† Kg8 21. Dh5 Tfc8 22. Dh6 Lf8 23. Dg5†;

b) 19. . . . Sc4: 20. Lf6 Kg8 21. Se6: fe6: 22. Dg4† Kf7 23. Dg7†.

20. Lg5—f6!	. . . .

Mit der Mattdrohung: Sg7—f5—h6†.

20.	Lc5—e7
21. De2—f3!	

Schwarz gab auf (21. . . . Lf1: 22. Sh5† oder 21. . . . Lf6: 22. Df6: Kg8 23. Sf5).

PARTIE 30

Ein Geniestreich

Keres—Sajtar

(Olympiade Amsterdam 1954)

1.	e2–e4	c7–c5
2.	Sg1–f3	d7–d6
3.	d2–d4	c5×d4
4.	Sf3×d4	Sg8–f6
5.	Sb1–c3	a7–a6
6.	Lc1–g5	Sb8–d7
7.	Lf1–c4	....
7.	....	e7–e6

Dem auf 7. Lc4 sich gründenden weißen Aufbau begegnet Schwarz wahrscheinlich am besten mit 7. ... Sb6, 8. Lb3 e5 9. Sde2 Le6. Auch 7. ... g6 dürfte ganz gut spielbar sein.

8. 0–0 Dd8–c7

Wird glänzend widerlegt. Notwendig war auch jetzt 8. ... Sb6.

9. Lc4×e6! ....

Dieses Opfer ist sehr weit berechnet, konnte bis in seine letzten Konsequenzen jedoch nur hellseherisch erahnt werden. Keres ist so ein Hellseher. Sein Standpunkt ist immer der gewesen: wer nichts riskiert, aus dem wird nichts!

9.	...	f7×e6
10.	Sd4×e6	Dc7–c4
11.	Sc3–d5!	Ke8–f7

11. ... Sd5: hätte die Lage von Schwarz nicht erleichtert; nach 12. ed5: Se5, 13. b3 Dc3, 14. Ld2 Db2, 15. Sc7† ginge bei schlechter Stellung Material verloren.

12. Lg5×f6 Kf7×e6

Anderes: a) 12. ... Sf6:, 13. b3 Dh5 (13. ... Dc6, 14. Sd8†), 14. Sec7;

b) 12. ... gf6:, 13. Dh5† Ke6:, 14. De8† nebst matt.

13. Lf6–c3! Sd7–f6

Im Hinblick auf die Drohung Df3 bleibt ihm keine andere Wahl (13. ... Tg8, 14. Dh5 g6, 15. Dh7:).

14.	Lc3×f6	g7×f6
15.	Sd5–b6	Dc4–c6
16.	Sb6×a8	....

Wird dieser Springer sein Gefängnis je wieder verlassen können? Wenn nicht, — nun, dann wird Schwarz noch mit einem blauen Auge davonkommen.

16.	....	Lf8–e7
17.	a2–a4!	....

Droht Rettung des Springers vermittels a4–a5.

17.	....	b7–b6
18.	Dd1–d5†!	Ke6–d7
19.	Ta1–a3!	Le7–d8

Der Sa8 hat ein zähes Leben: 19. ... Lb7, 20. Tc3! Dd5:, 21. Sb6:† nebst Sd5:

20. Sa8×b6†!

Der großartige Schlußzug einer bezaubernden Partie. Schwarz gab auf, da nach 20. ... Db6:, 21. Df5† der Läufer c8 verloren geht (21. ... Kc7, 22. Tc3†) und noch 20. ... Lb6:, 21. Df7† Kd8, 22. Df6:† der Turm h8.

PARTIE 31

Wie die Alten sungen

Rellstab—Seegebrecht

(Hamburg 1954)

1. e2—e4 c7—c5
2. Sg1—f3 d7—d6
3. c2—c3 ....

In neuerer Zeit findet man den Zug c3 häufiger. Er ist nicht besser und nicht schlechter als 3. d4, hat aber immerhin den Vorzug, daß er von den Theoretikern noch nicht so in der Retorte gekocht worden ist wie d4. Man möchte schließlich auch einmal andere Tapeten sehen!

3. ... Sg8—f6
4. Lf1—d3 ....

Nur auf den ersten Blick sieht dies komisch aus. Der Läufer soll nach c2 und dann erst der d-Bauer ziehen. Schon eine frühere Zeit kannte dieses Strategem, worauf hinzuweisen wir schon aus Gründen der Pietät nicht unterlassen möchten. Z. B. 1. e4 c5, 2. f4 e6, 3. Sf3 d5, 4. e5 Sc6, 5. c3 f6, 6. Ld3 Sh6, 7. Lc2 Db6, 8. d3 (Macdonnell—Labourdonnais, 1833).

4. .... Sb8—c6
5. Ld3—c2 Lc8—g4

Von den verschiedenen Möglichkeiten schwerlich die empfehlenswerteste. In Betracht kommen 5. ... g6 nebst Lg7, 5. ... e5 oder auch 5. ... Dc7.

6. h2—h3 ....

Denn nun hat Schwarz, will er nicht mit 6. ... Ld7 einen vollen Zug verlieren, zu wählen zwischen 6. ... Lh5, nach welchem Rückzug dieser Läufer auf dem Damenflügel fehlt, und 6. ... Lf3:, was dem Gegner das Läuferpaar überläßt. Das soll nicht heißen, daß Schwarz in den beiden letzteren Fällen die Partie verlieren muß, wohl aber, daß er in Eröffnungsschwierigkeiten gerät.

6. .... Lg4—h5
7. d2—d4 e7—e6

Es ist gesagt worden, daß Schwarz sich auf 7. ... d5 nicht einlassen dürfe und zwar wegen 8. e5 Sd7, 9. g4 Lg6, 10. e6. Dies trifft zu für die Fortsetzung 10. ... fe6:, 11. Lg6:† hg6: 12. Dd3, kaum hingegen für 10. ... Sf6, was zu wilden Verwicklungen führt, mit Chancen für beide Teile.

8. d4—d5 Sc6—e5

Leichter hätte es Schwarz nach 8. ... ed5:, 9. ed5: und erst dann 9. ... Se5d haben können. Von einem weißen Vorteil wäre danach nicht die Rede gewesen.

9. Lc2—a4† Sf6—d7

Ginge der andere Springer nach d7, so würde 10. de6: fe6:, 11. Db3 mit Doppelangriff gegen e6 und b7 folgen.

10. d5×e6 f7×e6

Und selbst jetzt noch konnte Schwarz mit heiler Haut davonkommen, wenn er 10. ... Sf3:†! eingeschaltet hätte. Beweis: 11. gf3: fe6:, 12. Db3 Lf3:, 13. Tg1 (13. De6:† De7, 14. Ld7:† Kd8, 15. Tg1 Dd7:), 13. ... b5!, 14. De6:† (14. Lb5: Kf7 oder 14. Db5: Tb8), 14. ... De7, 15. De7:† Ke7:, 16. Lb5: Le4:.

Ein guter Schachspieler wird seinen Ehrgeiz immer darin suchen, gerade in gefährdeten und schlechten Stellungen einen rettenden Zug zu finden. Die Kunst der Verteidigung ist ganz gewiß nicht geringer einzuschätzen als die des Angriffs.

11. Sf3×e5! ....

Ein uraltes Motiv im neuen Gewande

11. ... Lh5×d1

12. La4×d7† Dd8×d7

Bitteres Muß, da er nach 12. ... Ke7 mittels 13. Lg5 matt würde.

13. Se5×d7 Ld1—c2

14. Sd7×f8

Schwarz streckte die Waffen; eine Figur kann man Rellstab nicht vorgeben.

PARTIE 32

Piano-Crescendo-Forte

Dr. Dünhaupt—Kunerth

(Deutsche Fernschachmeisterschaft 1954)

1. e2—e4 c7—c5
2. Sg1—f3 d7—d6
3. Lf1—b5† Lc8—d7

Am einfachsten. Doch sind auch 3. ... Sc6 und 3. ... Sbd7 Züge, mit denen Schwarz auf festem Boden bleibt.

4. Lb5×d7† Sb8×d7

Und hier ist 4. ... Dd7: die natürlichere Fortsetzung. Von den Fährnissen, denen Schwarz nach 4. ... Sd7: ausgesetzt, weiß diese Partie einiges zu vermelden.

5. 0—0 Sg8—f6
6. Dd1—e2 g7—g6
7. c2—c3 Lf8—g7
8. d2—d4 e7—e6

Auch 8. ... e5 hat wegen 9. Td1! Dc7, 10. de5: de5:, 11. Sa3! seine Bedenken.

9. Tf1—d1! Dd8—c7
10. Sb1—a3! ....

Erst bei eingehender Prüfung stellt sich heraus, wie nachhaltig der Aufbau mit De2, Td1 und jetzt Sa3 ist. Eben deswegen, weil aus der zunächst piano verlaufenden Eröffnung nach und nach, man möchte sagen unauffällig, erst ein Stellungsübergewicht und dann urplötzlich ein Königsangriff herauswächst, ist die Partie interessant und lehrreich.

10. .... 0—0

Falls 10. ... a6, so 11. Sc4 b5, 12. Sd6:† Dd6:, 13. e5.

11. Sa3—b5 Dc7—c6
12. e4—e5! d6×e5
13. Sf3×e5! Sd7×e5

Die Lage des Schwarzen ist in jedem Falle unbehaglich. Z. B. a) 13. ... Db6, 14. dc5: Sc5:, 15. Td6, b) 13. ... Dc8, 14. Lg5 a6, 15. Sd6 Dc7, 16. Sd7: Sd7:, 17. Le7.

14. d4×e5 Sf6—e8
15. Lc1—g5 a7—a6

In dieser kritischen Stellung, in der Weiß Herr der d-Linie ist und Le7 droht, war es eigentlich eine Wohltat für Schwarz, keine Wahl zu haben. Er mußte 15. ... f6 ziehen, um sich wenigstens etwas bewegen zu können (16. ef6: Lf6:).

16. Sb5—d6 Se8×d6
17. Td1×d6 Dc6—b5

Sonst entscheidet Tad1 rasch.

18. c3—c4 Db5—b4
19. Td6—d7! b7—b5
20. Lg5—e7 Tf8—e8
21. De2—f3! Db4×b2
22. Ta1—e1 Db2—c2

Gegen die Drohung Ld6 bzw. Ld8 gibt es keine Verteidigung mehr (22. ... Db4, 23. Ted1 oder 22. ... Le5:, 23. Ld8 oder 22. ... Tac8, 23. Ld6).

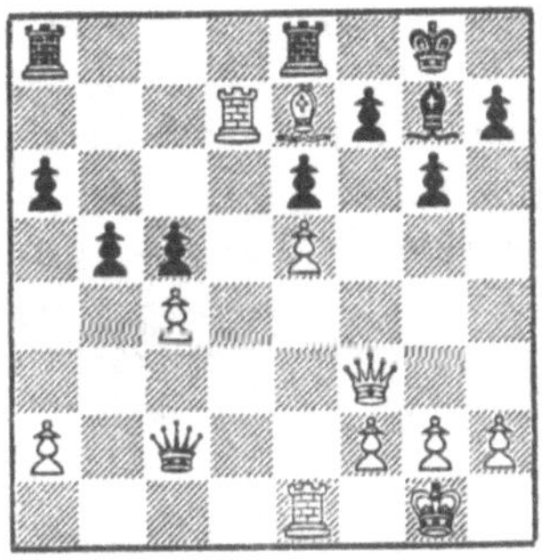

23. Le7—d8! Aufgegeben; infolge der Mattdrohung auf f7 fällt der Ta8.

PARTIE 33

Pfahl im Fleische

Pachman—Najdorf

(Mar del Plata 1955)

1. e2—e4 c7—c5
2. Sb1—c3 d7—d6
3. d2—d3 ....

Die geschlossene Variante des Sizilianers ist, wenn auch nicht gerade ungebräuchlich, so doch selten geworden.

3. ... Sb8—c6
4. g2—g3 Sg8—f6
5. Lf1—g2 Lc8—g4
6. Sg1—e2 ....

Weit besser war es, den vorwitzigen Lg4 mittels 6. f3 sofort zum Rückzug zu zwingen.

6. Sg1—e2 Sc6—d4
7. 0—0 ....

Den feindlichen Springer nach f3 hineinlassen, das heißt nun wirklich sich selbst dem Gegner ans Messer liefern.

Erforderlich war 7. h3, worauf 7. . . . Sf3†, 8. Kf1 Lh5, 9. g4 eine Figur gekostet und 7. . . . Lf3 in 8. Lf3: Sf3:†, 9. Kf1 e5, 10. Kg2 Sd4, 11. Lg5 eine zureichende Erwiderung gefunden hätte.

7. . . . Sd4—f3†

8. Kg1—h1 h7—h5!

Die sich hieraus ergebenden Angriffswendungen hatte Pachman vermutlich nicht gebührend gewürdigt.

9. h2—h3 e7—e5

Aber auch Najdorf trifft nicht die stärkste Fortsetzung. Sie bestand in 9. . . . h4!, wie Pachman und andere tschechische Schachfreunde später ausgeführt haben. Man sehe: 10. hg4: hg3:†, 11. Lh3 Th3:†, 12. Kg2 Dd7!, 13. Sg3: Dg4:!, 14. Df3: Th2†! oder 13. fg3: Th2†, 14. Kf3: g6!! (droht Dg4:† nebst Lh6†) 15. Lf4 Dg4:†, 16. Ke3 e5!

10. Sc3—d5

Hier nämlich konnte Weiß Najdorfs 9. Zug als fragwürdig nachweisen: 10. Le3 Dd7, 11. Sc1! h4, 12. Lf3: Lf3:†, 13. Df3: Dh3:†, 14. Kg1 hg3:, 15. Te1! bzw. 10. Le3 h4, 11. Sg1! Sh2, 12. hg4: hg3:, 13. Lh3 Sg4:, 14. Sd5 Dd7, 15. Kg2. Sehr schwierige, aber auch sehr interessante Varianten, die wir der Schachzeitschrift „Sach" (Prag) entnehmen.

10. . . . Sf6×d5

11. e4×d5 Dd8—d7

12. Se2—c3 . . .

Jetzt wäre 12. Sg1 wegen 12. . . Sh2!, 13. hg4: hg4: ein Fehler.

12. . . . Dd7—f5

13. Lc1—e3 h5—h4

14. Sc3—e4 Lf8—e7!

15. c2—c4 . . . .

Oder 15. hg4: hg3:†, 16. Lh3 Th3:†, 17. Kg2 Th2†, 18. Kg3: Lh4 matt.

15. . . . h4×g3

16. f2×g3 . . . .

16. . . . Th8×h3†!

17. Lg2×h3 Df5—h5!

18. Dd1—a4† Ke8—f8

19. Tf1×f3 . . . .

19. Kg2 Dh3:†, 20. Kf2 Dh2 matt.

19. . . . Dh5×h3†

Weiß gab auf (20. Kg1 Lf3:, 21. Dc2 Dh1† nebst Dg2†).

PARTIE 34

Die Nerven verloren

Ivkow—Bauza

(Mar del Plata 1955)

1. e2—e4 c7—c5

2. d2—d4 c5×d4

3. c2—c3 . . . .

Ein Gambit nach Art des „Nordischen Gambits": 1. e4 e5, 2. d4 ed4:, 3. c3. Wie bei allen Gambits erlangt Ivkow auch bei dem von ihm angewandten die bessere Entwicklung und die größere Bewegungsfreiheit. Ob diese Vorteile den geopferten Bauern aufwiegen, ist mit einem klaren Ja oder Nein nicht zu beantworten. Das Gambitspielen ist Temperamentssache.

3. ... d4×c3

Will Schwarz das Gambit nicht annehmen, bedient er sich — analog dem Nordischen Gambit — am besten des Zuges 3.... d5.

4. Sb1×c3 d7—d6
5. Sg1—f3 Sb8—d7
6. Lf1—c4 e7—e6
7. Lc1—f4 e6—e5

Schwarz glaubt, sich diesen Zug leisten zu können, weil er eine Figur angreift, also anscheinend unter Tempogewinn erfolgt. Das stimmt jedoch nicht ganz und darum war 7.... Sb6 die richtige Fortsetzung.

8. Dd1—b3! ....

Droht Matt in zwei Zügen.

8. ... d6—d5

Schwarz wirft die Flinte zu früh ins Korn.

Über die nach 8. Db3 entstandene Stellung ist auch die damalige Kritik mit einer eleganten Handbewegung hinweggegangen. Sie wurde einer näheren Analyse für nicht mehr bedürftig erachtet.

Doch wie sieht die Sache in Wirklichkeit aus? Was wäre bei 8.... Sc5 herausgekommen? Nach 9. Lf7:† Ke7, 10. Lg5† Sf6, 11. Dc4 Le6, 12. Le6: Se6: stände Weiß unbestreitbar vortrefflich, doch müßte die Partie immerhin erst einmal gewonnen werden. Jetzt indessen — nach 8.... d5 — bricht die schwarze Stellung unter einigen wuchtigen Streichen jählings zusammen.

9. Lc4×d5 Sd7—c5
10. Lc4×f7† Ke8—e7
11. Lf4—g5† Sg8—f6
12. Sc3—d5†! Ke7×f7
13. Sf3×e5† Kf7—e8

Oder 13.... Ke6, 14. Dh3† Ke5:, 15. Lf4† Ke4:, 16. Df3† Kf5, 17. Lc7†.

14. Sd5×f6† Dd8×f6

Sonst Df7†.

15. Db3—b5† Lc8—d7
16. Se5×d7 Sc5—d3†
17. Db5×d3 Df6×g5
18. Sd7×f8 Th8×f8
19. 0—0

Bei zwei Bauern weniger und unsicherer Königsstellung verzichtete Schwarz verständlicherweise auf weitere Exerzitien.

FRANZÖSISCH

CARO-KANN

PARTIE 35

Verwegener Bauernraub

Keres—Wade

(London 1954)

1.	e2—e4	e7—e6
2.	d2—d4	d7—d5
3.	Sb1—c3	Sg8—f6
4.	Lc1—g5	Lf8—e7
5.	e4—e5	Sf6—d7
6.	h2—h4	Le7×g5

Nach Annahme des Bauernopfers erhält Weiß einen höchst gefährlichen, wahrscheinlich sogar unwiderstehlichen Angriff, wie zahlreiche Beispiele aus der Turnierpraxis beweisen. Wade muß der Hafer gestochen haben, daß er sich auf diese Spielweise einließ, dazu noch gegen einen Angreifer von den Graden eines Keres.

7.	h4×g5	Dd8×g5
8.	Sg1—h3!	Dg5—e7

Auf h6 stünde die Dame auch nicht gerade berückend. Z. B. 8. ... Dh6, 9. g3 g6, 10. Lg2 nebst Sf4. Entwicklungsvorsprung und Raumvorteil sind vollständig auf seiten von Weiß.

9. Sh3—f4 a7—a6

Dies dient zur Vorbereitung von c5, was im Augenblick wegen der Antwort Sb5 fehlerhaft wäre.

10. Dd1—g4 Ke8—f8

Etwas besser mag 10. ... g6 sein. Auf die Dauer reicht jedoch auch dieser Zug nicht aus; z. B. 11. 0—0—0 c5, 12. Dg3! Sb6, 13. dc5: Dc5:, 14. Ld3 Df8, 15. Le4!! und Schwarz ist verloren. Es droht das Opfer Ld5:. Und falls 15. ... de4:, so 16. Se4: S8d7, 17. Dc3 De7, 18. Sf6† mit unwiderstehlichem Angriff (18. ... Sf6:, 19. ef6: Df8, 20. Dc7 Sd7, 21. Sd5! ed5:, 22. The1† Se5, 23. Te5:† Le6, 24. Kb1 Td8, 25. Tdd5: Td5:, 26. Td5: Ld5:, 27. Dc8 matt).

11. Dg4—f3! ....

Droht Sg6†.

11. .... Kf8—g8

12. Lf1—d3 c7—c5

Geboten war 12. ... Sf8. Jetzt folgt ein interessanter Schluß.

13.	Ld3×h7†!	Th8×h7
14.	Th1×h7	Kg8×h7
15.	0—0—0	f7—f5

Darauf wird Schwarz sofort ausgelöscht. Auch 15. ... Dg5 wäre wegen 16. Th1† nebst Th5 vergebliches Bemühen. Doch hätte 15... Sf8 dem Weißen noch einigen Schweiß abgenötigt.

Man prüfe die Variante 16. Th1† Kg8, 17. Dh5 f5, um zu erkennen, daß die Sache nicht recht weiter geht. Z. B. 18. Dh8† Kf7, 19. Sh5 Dg5†, 20. f4 Dh6 oder 18. Sh3 g6! Erst mit 16. Th1† Kg8, 17. Th5 f5, 18. Dh3 Kf7, 19. g4! kann Weiß sich eine Angriffstellung aufbauen, die Erfolg verheißt.

Diese Partie Keres — Wade ist von den Kommentatoren damals hoch gepriesen worden, und mit Recht. Aber man sieht doch immer wieder, daß man gar leicht der Verzauberung durch die Kombination eines großen Meisters verfällt und ungeprüft hinnimmt, was er aufs Brett wirft. Drum dies den Lesern ins Stammbuch: wenn euch eine Kombination gezeigt wird, seid ungläubig wie die Heiden!

16.	Td1—h1†	Kh7—g8
17.	Th1—h8†!	Aufgegeben

(17. ... Kh8:, 18. Sg6† oder 17. ... Kf7, 18. Dh5†).

PARTIE 36

Stahlbergs Irrtum

Unzicker—Stahlberg

(Stockholm 1960)

1.	e2—e4	e7—e6
2.	d2—d4	d7—d5
3.	Sb1—c3	Sg8—f6
4.	Lc1—g5	Lf8—e7
5.	e4—e5	Sf6—d7
6.	h2—h4	f7—f6

Wie männiglich bekannt, ist am Bauerngewinn 6. ... Lg5: 7. hg5: Dg5: kein Segen: 8. Sh3 De7 9. Sf4 a6 10. Dg4 g6 11. 0—0—0 c5 12. Dg3. Daneben hat Schwarz die Wahl noch unter anderen fünf Fortsetzungen, nämlich I. 6. ... c5, II. 6. ... h6, III. 6. ... 0—0, IV. 6. ... a6, V. 6. ... f6.

7. Dd1—h5†! ....

Das Rufzeichen hinter diesem Damenzug stammt von dem als Theoretiker wie als Meister am Brett gleich ruhmvollen Keres.

7. .... Ke8—f8

Interessant ist 7. ... g6 8. ef6:! gh5: 9. fe7: oder 8. ... Sf6: 9. De2 c5 10. dc5: Sc6 11. 0—0—0.

8.	e5×f6	Sd7×f6
9.	Dh5—f3	c7—c5
10.	d4×c5	b7—b6

Ein Bauernopfer, dessen Korrektheit in der vorliegenden Partie zwar keine

Bestätigung findet, das aber doch wohl einer näheren Prüfung wert ist. Nach 11. cb6: Db6: geböte Schwarz über ein lebendiges Figurenspiel und hätte damit Aussicht auf eine kräftige Initiative.

11. h4—h5! b6×c5

Auf keinen Fall durfte Stahlberg den Zug h5—h6 zulassen. Notwendig war 11. ... h7—h6, mit noch ungeklärten Aspekten.

12. h5—h6! ....

Tödliche Lähmung! Außerdem wird Punkt f6 schwach.

12. .... g7—g6
13. 0—0—0 Sb8—d7
14. Tf1—e1 Dd8—b6

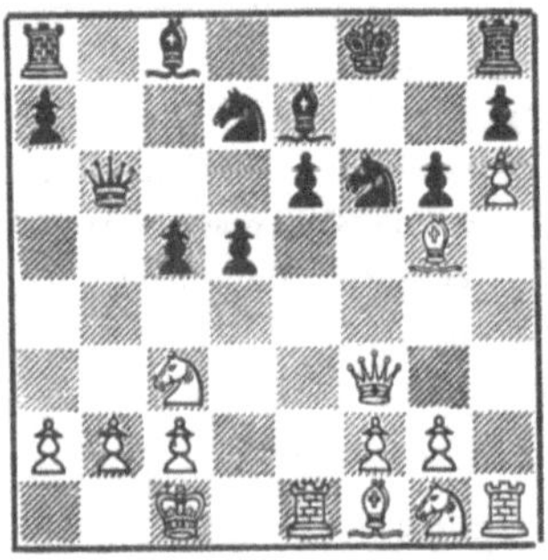

15. Lf1—b5 ....

Droht Figurengewinn durch Ld7:, so daß der folgende Zug erzwungen ist.

15. .... Kf8—f7
16. Sg1—h3 a7—a6

Resignation in verlorener Stellung. Auf 16. ... Tf8 hätte 17. Sf4 Sb8 18. Sfd5: ed5: 19. Sd5: Schwarz den Garaus gemacht.

17. Lb5×d7 Lc8×d7
18. Lg5×f6 Le7×f6
19. Sh3—g5† Aufgegeben

PARTIE 37

Opferdurchbruch in der Mitte

Blatny—Rybnicek

(Prag 1954)

1. e2—e4 e7—e6
2. d2—d4 d7—d5
3. e4—e5 c7—c5
4. c2—c3 Sb8—c6
5. Sg1—f3 ....

Nach 5. f4 erlangt Schwarz durch 5. ... Db6, 6. Sf3 Ld7, 7. Le2 Tc8 oder Sh6 ein gutes Spiel.

5. ... Dd8—b6
6. a2—a3 ...

Die klassische Fortsetzung besteht in 6. Le2 Sge7, 7. Sa3! nebst Sc2 und Sicherung des strategischen Schlüsselpunktes d4. Doch kennt die Praxis auch den Textzug 6. a3, mit dem das Vorgehen b4 beabsichtigt ist.

Vgl. Partie 36.

6. ... Lc8—d7
7. b2—b4 c5×d4
8. c3×d4 f7—f6

Wenn es Schwarz nicht gelingt, das weiße Zentrum zu erschüttern, wird er Schwierigkeiten haben. Darum ist 8. ... f6 der gebotene Zug.

9. Lf1—d3 Sg8—e7

Selbstredend ist d4 nicht zu nehmen: 9. ... Sd4:, 10. Sd4: Dd4:, 11. Lg6†.

10. 0—0 f6×e5
11. d4×e5 g7—g6
12. Sb1—c3 Se7—f5

Wahrscheinlich, um erstens die Diagonale d3—g6 zu sperren und zweitens, um Sc3—a4—c5 nicht zuzulassen. Wichtiger war es jedoch, mit 12.... Lg7 den Angriff auf den Punkt e5 fortzusetzen und die kurze Rochade vorzubereiten.

13. Tf1—e1 Ta8—c8

Auch jetzt noch war 13.... Lg7 am Platze. Hingegen wäre die lange Rochade wegen 14. Sa4 Dc7, 15. Lg5 Te8, 16. b5 nebst Tc1 ein grober Fehler.

14. Ld3×f5! g6×f5

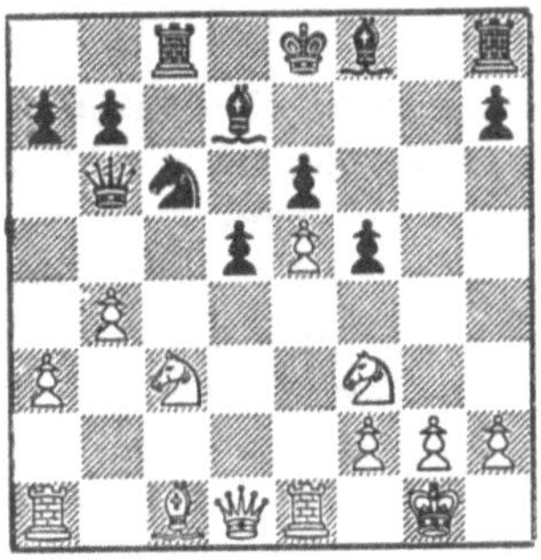

15. Sc3×d5!	e6×d5
16. e5—e6	Db6—b5
17. e6×d7†	Ke8×d7
18. a3—a4!	Db5×b4
19. Dd1×d5†	Kd7—c7

Oder 19.... Ld6, 20. La3 Df4, 21. Tad1.

20. Ta1—b1! ....

Der Schlußstein der Kombination. 20.... Db1: geht wegen 21. Lf4† nicht an.

20. ...	Db4×a4
21. Dd5—f7†	Aufgegeben.

PARTIE 38

Neuer Wein in alten Schläuchen

Prins—Angles d/Auriac

(Schacholympiade Leipzig 1960)

1. d2—d4	Sg8—f6
2. Sb1—c3	d7—d5
3. Lc1—g5	e7—e6
4. e2—e4	....

Also „französisch" auf Umwegen.

4.	Lf8—e7
5. e4—e5	Sf6—d7
6. h2—h4	c7—c5

Schwarz verfügt in dieser Stellung über sechs Antworten: a) 6. ... Lg5:, b) 6. ... 0—0, c) 6. ... c5, d) 6. ... f6, e) 6. ... a6 und f) 6. ... h6 (vgl. Partie 36). Da soll sich nun jemand zurecht finden, wenn er sich in einer Partie plötzlich zu entscheiden hat. Man sagt, daß Schwarz mit 6. ... a6 am weitesten kommt. Sei es drum!

7. Sc3—b5 0—0

Nicht gut. Mit 7. ... f6! 8. Ld3 a6! hält Schwarz nach den bisherigen Erfahrungen die Stellung im Gleichgewicht.

8. Lf1—d3 c5—c4

Dem Führer der schwarzen Steine wird natürlich bekannt gewesen sein, daß in derartigen Stellungen das Läuferopfer auf h7 immer in der Luft hängt. Hier aber, wo der weiße Königsspringer noch auf g1 steht und nicht unmittelbar auf g5 eingreifen kann, wird Schwarz das Opfer nicht ernsthaft erwogen und seinen Bauernvorstoß als der Schachgöttin wohlgefällig befunden haben.

9. Ld3×h7†!	....

Also doch. Man lernt im Schach nie aus.

9.	....	Kg8×h7
10.	Dd1—h5†	Kh7—g8
11.	Lg5×e7	Dd8×e7
12.	Sg1—f3	....

Vgl. die Anmerkung zum 8. Zuge. Es droht Sg5. Man vergesse übrigens nicht, daß Weiß als ultima ratio immer noch den Zug Sc7 in Reserve hat.

12.	....	f7—f6
13.	Sf3—g5!	f6×g5
14.	h4×g5	De7—b4†
15.	Ke1—e2	Db4×b5
16.	g5—g6	Tf8×f2†

Luft, Clavigo!

17.	Ke2×f2	Kg8—f8
18.	Dh5—f3†	....

Hier führen auch andere Wege nach Rom, doch ruft der von **Prins** gewählte einen ausgesprochen ästhetischen Eindruck hervor.

19.	Th1—h8	Sd7—f6
20.	Df3—a3†!	Schwarz gibt auf.

PARTIE 39

Ein romantischer Gedanke stirbt

Berner—Wiese

(Stuttgart 1954)

1.	e2—e4	e7—e6
2.	d2—d4	d7—d5
3.	Sb1—d2	Sg8—f6
4.	e4—e5	Sf6—d7
5.	Lf1—d3	c7—c5
6.	c2—c3	Sb8—c6
7.	Sg1—e2	Dd8—b6
8.	Sd2—f3	c5×d4
9.	c3×d4	Lf8—b4†
10.	Ke1—f1	f7—f6

Der richtige Zug. Der Angriff auf das weiße Zentrum muß um so nachhaltiger werden, als Weiß nicht mehr rochieren kann. Aber damit ist nichts gegen die von Weiß angewandte Spielweise schlechthin gesagt. Aus der Partie Keres—Flores (Buenos Aires 1939) wissen wir, daß 10. Ld2! der richtige Zug ist: 10. ... Ld2†:, 11. Dd2: Db4, 12. Tc1 Dd2:†, 14. Kd2: Sb6 mit Endspielvorteil für Weiß.

11.	Se2—f4	f6×e5
12.	Sf4×e6	e5—e4

Schwarz findet nicht die richtige Entgegnung; sie bestand in 12. ... Sf6!, 13. Sg7:† Kf7, 14. de5: Sg4! mit Mattdrohung auf f2 und Verlust des Sg7. Damit wäre bewiesen, daß Weiß auf 10. ... f6 zu 11. ef6: gezwungen wäre, ganz gewiß nicht zum Nachteil von Schwarz, denn der König f1 macht in dieser Stellung keine sonderliche Figur.

13.	Lc1—f4	e4×f3
14.	Lf4—c7	....

Auf genau dieselbe Stellung stoßen wir in einer Wettkampfpartie Spielmann—Stoltz 1930, die damals viel Staub aufwirbelte. Sie entwickelte sich wie folgt: 14. ... Sf6, 15. Sg7:† Kf7, 16. Lb6: Lg4, 17. g3 Lh3†, 18. Kg1 Kg7: und Schwarz gewann. Allein die vorliegende Partie verschafft Klarheit darüber, daß Spieler, Kritiker und das ganze Volk sich geirrt haben. Darin liegt ihre Bedeutung.

14. .... Sd7—f6
15. Lc7×b6! ....

Vgl. vorige Anmerkung.

15. .... Lc8×e6

16. Lb6—c5 Le6—g4

Was sonst?

17. Dd1—a4! ....

Schwarz ist total verloren. Wie lange doch sich ein Irrtum durch die Schachgeschichte schleichen kann.

17. .... f3×g2†
18. Kg1×g2 Lb4×c5
19. d4×c5 0—0
20. Th1—e1 und Schwarz gab nach einigen belanglosen Zügen auf (20. ... Lf3†, 21. Kf3: Se4†, 22. Kg2 Tf2:†, 23. Kg1 Tb2:, 24. Le4:).

PARTIE 40

Ein weitgereister Turm

Rakonyi—Dr. Laszlo

(Budapest 1954)

1. e2—e4 e7—e6
2. Sg1—f3 d7—d5
3. Sb1—c3 Sg8—f6
4. e4—e5 Sf6—d7
5. d2—d4 c7—c5
6. d4×c5 Lf8×c5
7. Lf1—d3 Sb8—c6
8. Lc1—f4 a7—a6

Verfrüht wäre 8. ... Db6, 9. 0—0! Db2:, wegen 10. Sb5. Beachtenswert dürfte jedoch 8. ... f6 sein, nicht hingegen 8. ... Dc7, 9. 0—0 Sde5:, weil 10. Se5: Se5:, 11. Dh5 eine Figur gewänne (11. ... Ld6, 12. Sb5).

9. 0—0 b7—b5
10. a2—a3 b5—b4
11. a3×b4 Sc6×b4
12. Ld3—e2 Sd7—b6

Er hätte den Rückzug des weißen Königsläufers von d3 nach e2 zur Rochade ausnutzen und den Sprengungszug f6, auf den man in derartigen Stellungen fast nie verzichten kann, anschließen sollen.

13. Sc3—a4! ....

Sehr stark. Falls jetzt 13. ... Dc7, so 14. c3! mit Figurengewinn und falls 13. ... Le7, so gleichfalls 14. c3 Sc6, 15. Ld3 mit trefflichem Spiel für Weiß.

13. .... Sb6×a4
14. Ta1×a4 ....

Dieser Turm wird noch große Dinge verrichten.

14. 0–0

Oder 14. ... Ld7, 15. c3! Sc6, 16. b4 nebst Ta6:.

15. c2–c3! Sb4–c6

16. Le2–d3! h7–h6

Es drohte Lh7:† Kh7:, Sg5† Kg8, Dh5. Die beiden anderen Möglichkeiten bestanden in:

a) 16. ... f6, 17. ef6: gf6: (17. ... Df6: oder 17. ... Tf6:, 18. Lg5), 18. Lh7:†! Kh7:, 19. Sg5†! fg5:, 20. Dh5† Kg7, 21. Lg5: Le7, 22. Lh6† und gewinnt,

b) 16. ... g6, 17. Lh6 Te8, 18. De2 und die durchlöcherte schwarze Königsstellung erweckt ernste Bedenken. Trotzdem hätte Schwarz diesen Weg gehen müssen.

17. Lf4×h6! g7×h6

18. Ta4–g4†! ....

Da ist er!

18. .... Kg8–h8

19. Dd1–d2 Aufgegeben.

PARTIE 41

f7 und h7 wurden schwach

Novak—Kausek

(Prag 1954)

1. e2–e4 c7–c6
2. d2–d4 d7–d5
3. Sb1–c3 d5×e4
4. Sc3×e4 Sb8–d7
5. Lf1–c4 ....

Ein seltener angewandter, aber durchaus empfehlenswerter Zug, der auf ein lebendiges Figurenspiel gemünzt ist. Gebräuchlicher ist 5. Sf3 Sf6, 6. Sg3 e6, 7. Ld3 c5! mit der etwaigen Fortsetzung: 8. c3 Le7, 9. 0–0 0–0, 10. Se5! cd4:, 11. cd4: Sb6, 12. Lg5 Sbd5 Tc1 oder 8. 0–0 b6, 9. Te1 Le7, 10. c4 cd4:, 11. Sd4: Lb7, 12. a3 0–0, 13. b3 Sc5, 14. Lc2, in beiden Fällen mit etwas besserem Spiel für Weiß, was indessen nur bestätigt, daß der Zug 4. ... Sd7 ein gedrücktes Spiel gibt.

5. .... Sg8–f6

6. Se4–g5 e7–e6

7. Dd1–e2 ....

Droht das typische Opfer 7. Sf7: Kf7:, 8. De6:†.

7. .... Sd7–b6

Statt dessen ist 7. ... Sd5 vorgeschlagen worden, um S7f6 folgen zu lassen. Wahrscheinlich war dies die bessere Entwicklungsweise.

8. Lc4–b3 Lf8–e7

9. Sg1–f3 0–0

Die Rochade hatte keine Eile. Den Sg5 zu verscheuchen — er wird später verheerend in die schwarze Königsstellung einbrechen — war vordringlicher: 9. ... h6, 10. Se4 Se4:, 11. De4: Sf6, 11. De2 b6 nest Lb7.

10. 0–0 Sb6–d5

Auch jetzt noch war 10. ... h6 am Platze.

11. c2–c4 Sd5–c7

12. Lb3–c2 b7–b6

13. De2–d3 g7–g6

Wie anfällig die schwarze Stellung schon geworden ist, zeigt die Kombination, die nach 13. ... h6 möglich ist: 14. Sh7 Te8, 15. Se5 Lb7, 16. Lh6: gh6:, 17. Sf6:† Lf6:, 18. Dh7† Kf8, 19. Df7. matt.

14. Sf3—e5 Lc8—b7

(Siehe nebenstehendes Diagramm)

15. Sg5×h7! Sf6×h7

Schlägt der König, gewinnt Weiß auf ähnliche Weise: 15. ... Kh7:, 16. Sg6: fg6:, 17. Dg6:† Kh8, 18. Lg5! und Schwarz muß schon ganze Regimenter opfern, um nicht matt zu werden.

16. Se5×g6 Le7—f6

Auf 16. ... Sf6, 17. Se7:† De7: würde 18. Dg3† Kh8, 19. Dh4† Kg8, 20. Lh6. Matt oder Damenverlust erzwingen.

17. Sg6—e7†! Aufgegeben.

Schwierig ist alles im Schach, wenn man den Dingen auf den Grund geht. Ein Fortschreiten vom Elementaren zum Höheren, wie etwa in der Mathematik oder der Baukunst oder der Musik gibt es nicht. Es geht uns im Schach wie in der Philosophie: von wo aus immer man auch einen Zugang sucht, gleich stehen wir in den Schwierigkeiten einer unübersehbaren Beziehungswelt. Darum ist es auch unerläßlich, Beispiele wie die in diesem Büchlein gebotenen immer wieder zu studieren. Repetitio est mater studiorum!

„Der geübte Schachspieler überlegt wohl den Erfolg dieses und jenes Zuges nach drei oder vier Zügen, aber hunderttausend andere möglichen Züge zu überlegen, fällt ihm gar nicht ein, von denen der schlechte Schachspieler vielleicht noch fünf oder sechs überlegt, ohne auf die beiden zu verfallen, welche allein die Aufmerksamkeit des guten Spielers in Anspruch nehmen. Woher kommt es nun, daß Letzterer diese fünf bis sechs Züge gar nicht beachtet, die sich wahrscheinlich doch auch erst nach Verlauf von zwei bis drei anderen Zügen als minder gut herausstellen? Er sieht das Schachbrett an, und ohne Überlegung spielt er unmittelbar die beiden einzig guten Züge. Es ist dies das Werk eines Moments, auch wenn er als Zuschauer an eine fremde Partie herantritt. So sieht der geniale Feldherr den Punkt für den entscheidenden Angriff, auch ohne Überlegung." (Eduard von Hartmann, „Philosophie des Unbewußten".)

DAMENGAMBIT

PARTIE 42

Gefesselt — und umgekommen

Guimard—Pleci

(Buenos Aires 1954)

1. d2—d4 Sg8—f6
2. Sg1—f3 e7—e6
3. c2—c4 d7—d5
4. Lc1—g5 Sb8—d7
5. e2—e3 c7—c6
6. Lf1—d3 Dd8—a5†

In der vorliegenden Stellung ist dieser Ausfall unangebracht, weil der weiße Damenspringer noch im Stalle steht und die Wahl zwischen den Feldern c3 und d2 hat. 6. ... Le7 war der solide Zug.

7. Sb1—d2 d5×c4
8. Ld3×c4 Sf6—e4

Wie man sieht, macht es einen großen Unterschied aus, ob der weiße Damenspringer auf d2 oder c3 steht.

9. Lg5—f4 b7—b5

Interessant ist 9. ... g5, 10. Lg3 g4, 11. Se5 Sd2:, 12. Dd2: Lb4. Weiß hat jedoch seinen eigenen Kopf und spielt 10. Lc7! Dc7:, 11. Se4:, womit der Zug 9. ... g5 als nur kompromittierender Gewaltakt markiert wäre.

10. Lc4—d3 Se4×d2
11. Sf3×d2 Lc8—b7
12. 0—0 c6—c5

War 6. ... Da5 schon kein ganz grätenreiner Zug, so ist es dieser Bauernzug noch weniger: Der Entwicklung des Königsflügels mit 12. ... Le7 und 0—0 gebührte unbedingt der Vorrang.

13. a2—a4! b5—b4
14. Ld3—b5 ....

Das nämlich ist jetzt das mißliche an der Stellung, daß der Sd7 gefesselt ist und diese Fesselung nur unter schweren Nachteilen abgestreift werden kann.

14. .... Da5—d8

14. ... Td8, 15. Sc4.

15. d4×c5! a7—a6

Schwarz muß zu seinem Bedauern feststellen, daß er den Bc5 nicht wiederschlagen darf: 15. ... Lc5:, 16. Sb3 und nun

a) 16. ... Lb6, 17. a5 Lc7, 18. Sc5 Lc8, 19. Df3 nebst Tfd1,
b) 16. ... Le7, 17. Sa5 Ld5, 18. Sc6 Lc6:, 19. Lc6: Tc8, 20. Tac1, u. a. mit der Drohung Ld7:† Dd7:, Dd7:† Kd7:, Tfd1†,

c) 16. ... Tc8, 17. Sc5: Tc5:, 18. Dd4.

16.	c5—c6!	a6×b5
17.	c6×b7	Ta8—a7
18.	a4×b5	Ta7×b7

Einen solchen Bauern am Leben zu zu lassen, wäre sträflicher Leichtsinn, weshalb Schwarz auch keine Gedanken an 18. ... Ta1: verschwendet haben wird. Mit Recht, denn nach 19. Da1: e5, 20. Sc4! ef4:, 21. Td1 Db8, 22. Da6 Le7, 23. Dc6 wäre die Not groß, ebenso nach 21. ... Dc7, 22. Da8 Sb8, 23. b6.

Den Quälgeist Lb5 ist Schwarz nun glücklich los, aber nun reift in der a-Linie eine Tragödie heran.

19.	Dd1—f3	....

19.	...	Dd8—b6

Oder 19. ... Tb5:, 20. Ta8 Sb8, 21. Dc6† Ke7, 22. Ta7† Kf6, 23. Df3.

20.	Ta1—a8†	Ke8—e7

20. ... Sb8 rettet gleichfalls nichts mehr, wegen 21. Db7:! Db7:, 22. Tb8:†.

21. Sd2—c4 Schwarz gab auf, da er die Dame verliert oder matt wird (20. ... Db5:, 22. Ld6).

PARTIE 43

Eine unergründliche Variante

Dr. Mocete—Klass

(Korrespondenzkampf Australien—Spanien 1954)

1.	d2—d4	Sg8—f6
2.	c2—c4	e7—e6
3.	Sg1—f3	d7—d5
4.	Lc1—g5	c7—c6
5.	Sb1—c3	d5×c4
6.	e2—e4	b7—b5

Die „Klaus-Junge-Variante", die unübersehbare Verwicklungen und immer neue Bilder und Urteile heraufschwört. So recht eine Eröffnung für abenteuerliche Gemüter. Häufig hat sich Weltmeister Botwinnik ihrer bedient.

7.	e4—e5	h7—h6
8.	Lg5—h4	g7—g5
9.	e5×f6	....

Der andere Weg besteht in 9. Sg5: hg5: 10. Lg5: Sbd7, 11. ef6: Lb7, 12. g3 Db6, 13. Lg2 0—0—0, 14. 0—0 Se5, 15. De2, mit gleichen Chancen, wie die 5. Partie des Wettkampfes Smyslov—Botwinnik kundtut.

9.	....	g5×h4
10.	Sf3—e5	Dd8×f6
11.	g2—g3	Sb8—d7!
12.	Dd1—e2	....

So zog Bronstein gegen Botwinnik in der XIX. UdSSR-Meisterschaft. Sonst spielte man 12. f4, was jedoch nicht ganz vertrauenerweckend ist; z. B. 12. ... Lb7!, 13. Lg2 Se5:, 14. de5: Dd8!, 15. Df3 Dd3!, 16. Dd3: cd3:, 17. Sb5: 0—0—0!, 18. Sc3 d2†.

Daß 12. Sc6: Lb7, 13. Lg2 Tc8! vorteilhaft für Schwarz ist, bedarf keiner näheren Darlegung.

12. ... c6—c5!

In der erwähnten Partie Bronstein—Botwinnik geschah 12. ... Se5:, 13. de5: De7, 14. Lg2 Lb7, 15. 0—0—0 Lg7, 16. f4 0—0, 17. Td6, mit gutem Spiel für Weiß. Der Zug 12. ... c5 eröffnet neue Perspektiven.

13. Lf1—g2 ....

Augenscheinlich wäre 13. Sb5: cd4:, 14. Sd7: Ld7:, 15. Sc7† Kd8, 16. Sa8: Lb4†, 17. Kd1 d3 nebst Db2: für Weiß ruinös.

13. ... c5×d4
14. Se5×d7 Lc8×d7
15. Sc3—d5 ....

15. La8: dc3: ist indiskutabel.

Hingegen scheint der Textzug stark zu sein, weil auf 15. ... Dd8, 16. De5! folgen würde.

15. .... Df6—g7!
16. Sd5—c7† Ke8—d8
17. Sc7×a8 Lf8—b4†
18. Ke1—f1 d4—d3
19. De2—e4 ....

Dies verliert rasch. Ein interessanter Kampf wäre nach 19. Dd1 Db2:, 20. Tb1 entbrannt. Obgleich Schwarz um einen vollen Turm ärmer ist, dürfte 20. ... Dd2! dennoch die stärkste Fortsetzung sein, denn die schwarzen Freibauern sind gewaltig und der Sa8 würde auf kurz oder lang doch ins Gras beißen müssen. Mithin: Gewinnstellung für Schwarz.

19. .... Dg7×b2
20. Ta1—d1 Lb4—c5
21. De4×h4† ....

Bei 21. Df4 entscheidet 21. ... De2†, bei 21. Df3 Lc6! Und was 21. De1 betrifft, so braucht Schwarz nichts zu übereilen, sondern kann gemächlich sein Bauernmassiv verwerten, z. B. 21. ... b4, 22. Tb1 Dd4!, 23. De3 c3! oder 22. Le4 f5, 23. Ld3: cd3:, 24. Td3: Kc8 und gewinnt. Hier führen viele Wege nach Rom.

21. .... Kd8—c8

Weiß gab auf, da er die beiden Drohungen Df2:† und De2† nicht gleichzeitig zu parieren vermag.

PARTIE 44

Goldene Brücken für den Angreifer

Geller—Papapavlou

(Olympiade Amsterdam 1954)

1. d2—d4 Sg8—f6
2. c2—c4 e7—e6
3. Sb1—c3 d7—d5
4. Sg1—f3 c7—c6
5. e2—e3 Sb8—d7
6. Lf1—d3 Lf8—d6

Tschigorins Zug. Ihm liegt die Absicht zugrunde, mittels dc4: nebst e5 eine rasche Klärung in der Mitte zu erzwingen. So leicht indessen ist dies nicht zu verwirklichen.

7. e3—e4! d5×e4

Versucht Schwarz, stattdessen seinen Plan durchzusetzen, so würde er nach 7. ... dc4:, 8. Lc4: e5, 9. de5: Se5:, oder 10. Le5: zum mindesten die Rochade einbüßen.

8. Sc3×e4 Sf6×e4

9. Ld3×e4 Sd7—f6

Ein wenig erleichtern kann Schwarz sich die Eröffnung durch 9. ... Lb4†, 10. Ld2 Ld2:†, 11. Dd2: 0—0, obwohl diese Vereinfachungsaktion nicht darüber hinwegtäuschen darf, daß Weiß mit der größeren Bewegungsfreiheit auch die besseren Aussichten hat.

Der Zug 9. ... Sf6 hat, so selbstverständlich er aussieht, seine Bedenken, wofür auch diese Partie ein Beispiel bietet. Stärker ist 9. ... 0—0, 10. 0—0 Dc7, 11. Lc2 h6, 12. Te1 Td8, 13. Ld2! (13. Dd3 Sf8), 13. ... c5, doch hätte Weiß dann gleichfalls eine aussichtsreiche Stellung. Überhaupt dürfte der von Schwarz mit 6. ... Ld6 usw. gewählte Aufbau nicht zu den rühmlichen Verteidigungen des Damengambits zu rechnen sein.

10. Le4—c2 0—0

11. 0—0 c6—c5

Die große Drohung, mit der Schwarz sich auseinanderzusetzen hat, besteht in Lg5 gefolgt von Dd3, Lf6: und Matt auf h7. Aus diesem Grunde ist 11. ... h6 der richtige oder zutreffender gesagt: der notwendige Zug. Z. B. 11. ... h6, 12. De2 b6, 13. Ld2 Lb7, 14. Lc3 De7, 15. a3 Tad8, 16. Tad1.

12. Lc1—g5! c5×d4

Das heißt bei Gott sich das eigene Grab graben, denn durch diesen Tausch wird die weiße Dame auf das Idealfeld h4 befördern. Jedenfalls hätte Weiß nach 12. ... h6, 13. Lh4 b6 weiter ausholen müssen, um dem schwarzen König auf den Pelz rücken zu können, da 15. Dd3 Te8!, 16. Lf6: Df6:, 17. Dh7† nichts rechtes einbrächte.

13. Dd1×d4 Ld6—e7

14. Dd4—h4 h7—h6

Erzwungen, weil 14. ... g6 wegen 15. Tad1 eine Figur kosten würde.

15. Lg5×h6! ....

Ein typische Opferwendung, welche dem Weißen einen durchschlagenden Angriff verschafft.

15. ... g7×h6

16. Dh4×h6 Dd8—a5

17. Sf3—g5 e6—e5

18. Lc2—h7† Kg8—h8

19. Lh7—e4† Kh8—g8

20. Ta1—e1! ....

Tatenlos muß Schwarz jetzt zusehen, wie Geller in aller Gemütsruhe seine Reserven heranholt und den tödlichen Schlag führt.

20.	....	Lc8—g4
21.	Te1—e3	Ta8—d8
22.	Te3—g3	Td8—d4
23.	Sg5—e6!	Schwarz gab auf;

er wird nach 23. . . . fe6, 24. Tg4:† Sg4:, 25. Dh7 matt.

PARTIE 45

Im Chaos

Wassilewsky—Klimenkov
(UdSSR 1954)

1.	d2—d4	d7—d5
2.	c2—c4	c7—c6
3.	Sg1—f3	Sg8—f6
4.	Sb1—c3	e7—e6
5.	e2—e3	Sb8—d7
6.	Lf1—d3	d5×c4
7.	Ld3×c4	b7—b5
8.	Lc4—d3	a7—a6
9.	e3—e4	c6—c5
10.	e4—e5	....

Dies ist das amtliche Schema der „Meraner Variante", an der es so wenig zu deuteln und zu kritteln gibt wie an der Bibel. Sie wird gläubig und kommentarlos hingenommen. Nachdem sie früher einmal die Gemüter mächtig erhitzt hat, ist sie zur Zeit ein wenig in den Hintergrund getreten. Nicht, weil sie ausgeschöpft wäre, sondern weil andere Themen, wie z. B. „Königsindisch", unsere Aufmerksamkeit auf sich gelenkt haben. Dieser Wechsel des Interesses ist das einzig Beständige in der Geschichte der Schachtheorie. Und das ist gut so.

Die Fortsetzung 10. . . . Sg4 ist nicht die gewöhnliche, die bekanntlich in 10. . . . cd4:, 11. Sb5: usw. besteht.

10.	....	Sf6—g4
11.	Sf3—g5	....

Die Schulweisheit verlangt, daß Weiß hier 11. Lf4 zieht, mit der etwaigen Fortsetzung 11. . . . cd4:, 12. Se4 Lb4†, 13. Kf1 Lb7, 14. h3 Sh6, 15. Seg5 und gutem Spiel für Weiß.

11.	....	c5×d4
12.	Sg5×f7	....

Das war die Absicht. Weiß hat sich eine lange und schöne Kombination ausgerechnet, nämlich 12. . . . Kf7:, 13. Dg4: Se5:, 14. Dh5† Kg8, 15. De5: dc3:, 16. Le4 cb2:, 17. Lb2: Ta7, 18. 0—0, mit unverkennbar vortrefflichen Aussichten für Weiß.

Allein, es zeigt sich bald, daß er einem Irrlicht gefolgt ist und darin liegt der Wert dieser Partie. Er hätte sich zu 12. Dg4: entschließen sollen, mit freilich unübersehbaren Möglichkeiten.

12.	....	Dd8—h4!
13.	g2—g3	Dh4—h5
14.	Sf7×h8	d4×c3
15.	Dd1—f3	....

Wie unerfreulich sich die Lage für Weiß bereits gestaltet hat, erhellt aus zwei Varianten:

a) 15. Le4 Lb4!, 16. Kf1 Se3†;

b) 15. Le2 Lb7, 16. Lg4: De5:†.

15.	....	Sd7×e5!
16.	Ld3×b5†	a6×b5
17.	Df3×a8	Se5—d3†
18.	Ke1—f1	Dh5—c5

Eine aufregende Stellung.

19. Lc1—e3 ....

Die Hauptvariante lautet: 19. Df3 Sde5, 20. De2 (20. Df4 Dd5, 21. f3 Dd1†, 22. Kg2 De2†, 23. Kh3 Sf2†, 24. Kh4 g5†), 20. ... Lb7, 21. h3 (21. Tg1 Sh2:†), 21. ... Lf3, 22. Dc2 Dc4†, 23. Kg1 Lh1:, 24. hg4: Sf3†, 25. Kh1: Df1 matt.

19. .... Sg4×e3†

20. f2×e3 c3×b2

21. Ta1—b1 Dc5—c1†

Weiß gab auf (22. Kg2 Dc2†, 23. Kh3 Sf2†).

PARTIE 46

Amazonenkrieg

Johannsson—Nilsson

(Olympiade Amsterdam 1954)

1.	d2—d4	d7—d5
2.	c2—c4	e7—e6
3.	Sg1—f3	c7—c6
4.	e2—e3	Sg8—f6
5.	Sb1—c3	Sb8—d7
6.	Lf1—d3	d5×c4
7.	Ld3×c4	b7—b5
8.	Lc4—d3	Lc8—b7

9. e3—e4 ....

Einfacher ist 9. 0—0, um sich auf 9. ... b4 mit 10. Se4 zu zentralisieren.

9. .... b5—b4

10. e4—e5 ....

Der Fehler!

10.	....	b4×c3
11.	e5×f6	c3×b2
12.	f6×g7	b2×a1D
13.	g7×h8D	....

Ein seltener Anblick — nach 13 Zügen vier Damen auf dem Brett! Wie vom Himmel gefallen. Bei so plötzlich vervielfachten Energien muß es zu einem furchtbaren Zusammenstoß kommen, wobei selbstverständlich derjenige im Vorteil ist, der am Zuge ist, mithin zuerst zuschlagen kann, und das ist hier Schwarz.

13. .... Dd8—a5†

14. Sf3—d2 ....

Der Leser wird nicht wenig staunen, wenn er vernimmt, daß diese Partie in der Turnierpraxis ein paar Monate später noch einmal vorkam (Rosenberg—Tartakower, Meisterschaft v. Paris 1954). In der letzgenannten Partie fuhr Weiß mit 14. Ke2 fort und mußte sich nach 14. ... La6, 15. Dh7: Sf6, 16.

Dh4 D1a2:†, 17. Kf1 D5a4!, 18. De2 De2:†, 19. Ke2: Dc2† ebenfalls geschlagen bekennen.

14. .... Da5—c3!

Der Angriff auf Lc1 und Ld3.

15. Ke1—e2 Sd7—c5!
16. Dh8×h7 Sc5×d3
17. Dh7×d3 Dc3×d3†
18. Ke2×d3 Lb7—a6†
19. Kd3—c2 ....

19. Ke3 Lh6†

19. .... Da1×a2†
20. Lc1—b2 Ta8—b8

Die Jagd geht unerbittlich weiter.

21. Dd1—a1 Tb8×b2†!
22. Da1×b2 La6—d3†
23. Kc2—c3 ....

23. Kc1 La3.

23. .... Lf8—b4†!

Weiß gab auf (24. Db4: Dc2 matt).

PARTIE 47

Die Kraft der Läufer

Rubcova—Volpert

(Moskau 1954)

1. d2—d4 d7—d5
2. c2—c4 e7—e6
3. Sb1—c3 c7—c5
4. c4×d5 c5×d4

Das Hennig-Gambit. Seine letzten Hintergründe sind bis heute nicht erforscht.

5. Dd1×d4 Sb8—c6
6. Dd4—d1 e6×d5
7. Dd1×d5 Lc8—d7

Auch 7. ... Le6, 8. Dd8: Td8: verschafft Schwarz einen Entwicklungsvorsprung, der einen Bauern wert sein dürfte.

8. Lc1—g5 ....

Mit diesem Zuge erlitt schon Pirc in einer bekannten Partie gegen Aljechin Schiffbruch (Bled 1931). Da es sich gleichfalls um eine Kurzpartie handelt, paßt sie gut in unseren Rahmen: 8. ... Sf6, 9. Dd2 h6, 10. Lf6: Df6:, 11. e3 0—0—0, 12. 0—0—0 Lg4, 13. Sd5 Td5:!, 14. Dd5: La3!, 15. Db3 Ld1:, 16. Da3: Df2:, 17. Dd3 Lg4, 18. Sf3 Lf3:, 19. Df5† Kb8, 20. Df3: De1†, 21. Kc2 Tc8, 22. Dg3† Se5!†, 23. Kb3 Dd1†, 24. Ka3 Tc5! aufgegeben.

Als beste Entwicklungsweise gilt 8. Sf3 Sf6, 9. Dd1 Lb4, 10. Ld2 0—0, 11. g3 Te8, 12. Lg2 Db6, 13. 0—0, wonach Weiß, wie es scheint, den Bauern behaupten wird.

8. .... Sg8—f6
9. Dd5—d2 Dd8—a5
10. Lg5×f6 g7×f6
11. e2—e3 0—0—0
12. Dd2—c1 Ld7—f5
13. Sg1—f3 Sc6—b4!

14. Sf3—d4 ....

Sonst wird es noch schlimmer: 14. e4 Le4:, 15. Se4: (Abzugsschach!), 15. ...

Sc2 (Abzugsdoppelschach), 16. Ke2 Db5 matt.

14. .... Td8×d4!
15. e3×d4 Sb4—c2†
16. Ke1—d1 Sc2×a1
17. Dc1×a1 Lf8—h6!

Die arme weiße Dame!

18. b2—b3 ....

Eine hübsche Wendung ergibt sich nach 18. Ke1 (um die Dame ins Spiel zurückzubringen): 18. ... Te8†, 19. Le2 Ld3, 20. Kf1 Te2:, 21. Se2: Dd2, 22. De1 Dc2, 23. f3 Ld2, 24. Da1 Lc1. Das Fest der Läufer!

18. .... Th8—d8
19. d4—d5 ....

Die Katastrophe ist unabwendbar.

19. .... Td8×d5†!
20. Kd1—e2 Td5—d2†
21. Ke2—f3 Da5—e5
22. g2—g3 Td2—c2

Weiß gab auf.

PARTIE 48

Eine Fesselung, die keine war

Rosenblath—Rodenberg

(Fernturnier 1954)

1. d2—d4 d7—d5
2. c2—c4 e7—e6
3. Sb1—c3 c7—c5
4. Sg1—f3 Sg8—f6
5. e2—e3 Sb8—c6

Tarrasch hielt die von Weiß hier als Antwort auf 3. ... c5 gewählte Aufstellung für die einzig wahre. Wir sind heute nicht mehr dieser Auffassung und wie die Zeit über viele Urteile von Tarrasch hinweggegangen ist, so auch über die, daß im Damengambit nach 1. d4 d5, 2. c4 e6, 3. Sc3 allein 3. ... c5 der korrekte Zug sei. Zu welch grotesken Übersteigerungen selbst große Meister fähig sind, erhellt aus einer Glosse von Tarrasch zu unserer Partiestellung, in der offenbar die Kehrseite der Medaille beleuchtet werden soll: „Die Normalposition ergibt, wenn der Nachziehende will — und warum sollt er nicht wollen! — ein sehr stumpfsinniges Spiel mit raschem Remisschluß, nämlich 6. Ld3 dc4:, 7. Lc4: Le7, 8. 0—0 0—0 und was bleibt dem Weißen übrig, als mit 9. dc5: den Damentausch bei völligem Ausgleich zuzulassen. Da also auf diese Weise der Vorteil des Anzuges sehr bald annulliert wird, so muß man als Anziehender entweder das Damengambit überhaupt nicht mehr spielen oder eine von jenen Varianten wählen, die mit 4. cd5: beginnen. Diese aber sind jedoch samt und sonders für den Nachziehenden vorteilhaft. Das Damengambit ist somit theoretisch erledigt und wird auch sehr bald praktisch erledigt sein, insofern es immer seltener auf der Bildfläche erscheinen wird, nämlich nur dann, wenn man ein schnelles Remis herbeiführen will.“

6. a2—a3 Sf6—e4

Obwohl von Marshall und Aljechin empfohlen, dürfte dieser frühe Springerausfall von zweifelhaftem Werte sein. Gut ist 6. ... Ld6, besser noch wahrscheinlich der Übergang ins angenommene Damengambit mittels 6. ... dc4:

7. Dd1—c2 Dd8—a5
8. Lf1—d3! Sc6—b4

Die Konsequenz des mit 6. ... Se4 begonnenen Manövers. Jedoch verdient Konsequenz nicht immer Lob, so auch hier nicht. Mit 8. ... Sc3: hätte er zwar das weiße Zentrum verstärkt (9. bc3:), ohne indessen bereits handgreiflich im Nachteil zu sein.

9. a3×b4! Da5×a1
10. b4×c5 ....

Schon bei Euwe kann man lesen, daß die nun entstandene Stellung „sehr chancenreich für Weiß ist". Unsere Partie ist ein Beispiel dafür!

10. .... Se4×c3
11. Dc2×c3 f7—f6

Aus Furcht vor cd5: ed5:, Lb5† schafft Schwarz sich für seinen König das evtl. Schlupfloch f7. Auf 11. ... Ld7 wäre sehr stark 12. Se5 gefolgt.

12. 0—0 Da1—a4

Reumütige Rückkehr! Doch ist der weiße Entwicklungsvorsprung in jedem Falle so weit gediehen, daß Schwarz eine geordnete Verteidigung nicht mehr aufbauen kann.

13. e3—e4! Da4—c6

Der alte Satz, daß in schlechten Stellungen sich gar leicht als Frucht der bösen Tat auch schlechte Züge einstellen, findet hier eine neue Bekräftigung.

Unumgänglich war 13. ... de4:, wonach allerdings auf die Dauer Schwarz ebenfalls das Nachsehen haben wird: 14. Le4: Le7, 15. b4! 0—0, 16. d5!

14. c4×d5 e6×d5
15. Dc3—b3! ....

Droht Lb5.

15. .... Lc8—d7
16. e4×d5 Dc6—c7
17. Tf1—e1† Ke8—d8
18. d5—d6 Dc7—c8
19. Sf3—g5! Aufgegeben

(19. ... Le8, 20. Te8:† Ke8:, 21. Lb5†).

PARTIE 49

Windstärke 12

Taimanov—Polugajewski

(Leningrad 1960)

1. d2—d4 d7—d5
2. c2—c4 d5×c4
3. Sg1—f3 Sg8—f6
4. Dd1—a4† Sb8—d7

Von allen möglichen Fortsetzungen (4. ... Dd7, 4. ... Ld7, 4. ... Sc6 4. ... c6) die stärkste.

5. Sb1—c3 e7—e6
6. e2—e4 c7—c5
7. d4—d5 ....

Zu weniger verpflichtet hätte 7. Lc4:. Allein, große Ziele erfordern große Mittel.

7. .... e6×d5
8. e4—e5 d5—d4

Unbedingt notwendig ist hier 8. ... b5, um erst nach 9. Db5: Tb8 10. Da4 mit 10. ... d4 fortzufahren.

9. Lf1×c4 d4×c3
10. e5×f6 Dd8×f6
11. Lc1—g5 Df6—c6

12. 0—0—0 ....

Das wird Schwarz einen mächtigen Schock versetzt haben. Falls jetzt 12. ... Da4:, so 13. The1† Le7 14. Te7:† Kf8 15. Tf7:† Ke8 16. Te1† Se5 17. Se5: oder 15. ... Kg8 16. Td7:† Dc4: 17. Td8† Kf7 18. Se5† und gewinnt. Aber auch bei Nichtannahme des Damenopfers braust ein gewaltiger Orkan über die schwarze Stellung hinweg.

12. .... c3×b2†
13. Kc1×b2 ....

Schneller gewann 13. Kb1. Vgl. die Anmerkung zum 16. Zuge.

13. .... Lf8—e7
14. Th1—e1! f7—f6
15. Lc4—b5 Dc6—b6
16. Kb2—c1 ....

Wäre der König im 13. Zuge nach b1 gegangen, würde jetzt 16. Ld7:† möglich sein. Aber auch so ist der weiße Angriff übermächtig.

16. .... f6×g5

Wenn 16. ... Dc7, dann 17. De4.

17. Lb5×d7† Ke8—f8
18. Te1×e7! Kf8×e7
19. Da4—e4† Ke7—d8

Oder 19. ... Kf6 20. Df5† Ke7 21. De5† Kf7 22. Sg5:†.

20. Ld7—f5† Kd8—c7
21. De4—e5† Kc7—c6
22. Td1—d6† Kc6—b5
23. De5—b2† Schwarz gab auf.

Als Reti einmal gefragt wurde, wieviel Züge er in seiner Partie vorauszurechnen pflege, soll er geantwortet haben: höchstens einen! Es wird ein Scherz gewesen sein. Taktische Studien zu treiben, ist für den vorwärts strebenden Schachspieler unerläßlich. Sie öffnen ihm das Verständnis für den Zug in seiner individuellen Gestalt, für die Feinheiten komplizierter Gedankengänge und lehren ihn das rechte Augenmaß für Angriff und Verteidigung.

Alles fließt. Kaum ist die Druckerschwärze einer eröffnungstheoretischen Arbeit trocken geworden, da läutet die Kritik schon Sturm. Es stellt sich heraus, daß inzwischen Neues gefunden worden und manches von dem, was als gesicherter Besitz galt, zweifelhaft geworden oder gar der Verdammung verfallen ist. Allein kein Schachbuch ist ohne Fehler und Lücken; dazu ist Schach ein viel zu spröder Stoff. Stets müssen Leser und Schüler das ihre hinzutun. Sollen wir darüber klagen? Oder verbindet sich mit dieser Feststellung nicht vielmehr das beruhigende Gefühl, daß die 64 Felder nach wie vor lebendige Aufgabe bleiben?

INDISCH

PARTIE 50

Allzu schwerfälliges Gegenspiel

Kopylow—Dommes

(Leningrad 1954)

1.	c2—c4	Sg8—f6
2.	Sb1—c3	g7—g6
3.	d2—d4	Lf8—g7
4.	e2—e4	d7—d6
5.	f2—f3	0—0
6.	Lc1—e3	e7—e5
7.	d4—d5	c7—c5

Nach Aufhebung der Bauernspannung in der Mitte bieten sich Schwarz zwei Fortsetzungen an:

a) 7 . . . c6. 8. Dd2 cd5:, 9. cd5: Se8, 10. 0—0—0 f5, 11. Kb1 a6, 12. Ld3 b5, 13. Sge2 f4, 14. Lf2 Sb6;

b) 7. . . . a5, 8. Dd2 Sa6, 9. Sg2 Sc5, 10. 0—0—0 Se8.

Der von Schwarz in unserer Partie gewählte Zug 7. . . . c5 kann von der Kritik nicht gebilligt werden und wird zur Wurzel allen Übels, das Schwarz widerfährt.

8.	g2—g4!	Sf6—e8
9.	Dd1—d2	a7—a6

Man erwartete immerhin 9. . . . f5. Die Unternehmung auf dem Damenflügel nimmt zu viel Zeit in Anspruch; und Zeit ist ein wichtiger Faktor im Schach.

10.	Sg1—e2	Se8—c7
11.	Se2—g3	b7—b5
12.	h2—h4!	f7—f6
13.	h4—h5	Tf8—f7

Nachdem Schwarz erkannt hat, daß nach 13. . . . g5, 14. h6 Lh8 dieser Läufer das Licht des Tages nicht mehr erblicken wird, willigt er in die Öffnung der h-Linie. Man sieht, wie schnell der weiße Angriff Gestalt gewonnen hat. Statt 13. . . . Tf7 war jedoch 13. . . . Kf7 stark in Betracht zu ziehen.

14.	h5×g6†	h7×g6
15.	Dd2—h2	Tf7—e7

Der letzte Fehler. Nur 15. . . . g5 verlieh der schwarzen Stellung noch einigen Halt. Es ist das alte Leid: in der Gefahr stellen sich Fehler leichter ein als sonst.

16.	Dh2—h7†	Kg8—f7
17.	Th1—h6!	g6—g5

18. Th6×f6†! Aufgegeben.

Er wird matt:

a) 18. . . . Kf6:, 19. Sh5† Kf7, 20. Dg7:† Ke8, 21. Sf6;

b) 18. . . . Ke8, 20. Dg6† Kd7, 21. Td6:.

PARTIE 51

Verlust an Zeit und Raum

Kupper—G. Maier

(Wien 1954)

1.	e2—e4	d7—d6
2.	d2—d4	Sg8—f6
3.	Sb1—c3	g7—g6
4.	Lc1—g5	Lf8—g7
5.	e4—e5	Sf6—d7

Es bleibe hier unerörtert, ob Schwarz sich auf 5. . . . de5:, 6. de5: Sg4 einlassen darf.

6. f2—f4 . . . .

Im allgemeinen verpflichtet ein Bauernzentrum von der Struktur d4—e5—f4 seinen Besitzer sehr, weil es angegriffen und zerstört werden kann. Nur muß Schwarz zielbewußt handeln.

6. . . . . d6×e5

Im Sinne der vorigen Anmerkung hätte zweifellos der energische Stoß 6. . . . h6, 7. Lh4 g5 gelegen. Wahrscheinlich hätte Weiß ebenso energisch 8. e6 entgegnen müssen, was dann sowohl bei 8. . . . fe6:, 9. Dh5† Kf8 als auch bei 8. . . . gh4:, 9. Dh5 0—0, 10. ed7: Sd7:, 11. Sf3 schwer einzuschätzende Verwicklungen herbeigeführt hätte.

7. d4×e5 c7—c6

Die konsequente Fortsetzung des vorigen Zuges wäre 7. . . . f6! gewesen. Nach 8. ef6: ef6:!, 9. De2† De7 oder 9. Lh4 0—0, 10. Lc4† Kh8, 11. Sf3 Sb6 hätte Schwarz, wie uns bedünkt, keinerlei Sorgen.

8. Lf1—c4	Dd8—a5
9. Sg1—f3	Sd7—c5

In der Absicht, mit Le6 doch noch eine geordnete Entwicklung anzubahnen. Aber Weiß ist dermaßen an Zeit und Raum voraus, daß er in der Lage ist, unter Figurenopfer die feindliche Königsstellung zu zerschlagen.

10.	Lg5×e7!	Ke8×e7
11.	Dd1—d6†	Ke7—e8
12.	Sf3—g5	Th8—f8
13.	0—0—0	Lc8—f5

Oder 13. ... Lg4, 14. The1 Ld1:, 15. e6!

14. Th1—e1 Lg7—h6

Er resigniert. Auch auf 14. ... Sbd7 hätte ihn der Keulenschlag 15. e6! zu Boden gestreckt: 15. ... fe6:, 16. Se6: Le6:, 17. Te6:† Kd8, 18. Te7 usw.

15. e5—e6! f7×e6
16. Sg5×e6 Lf5×e6
17. Te1×e6† Aufgegeben.

PARTIE 52

Neuerung bewährte sich nicht

Kluger—Benkö

(Budapest 1955)

1. d2—d4 Sg8—f6
2. c2—c4 g7—g6
3. Sb1—c3 d7—d5
4. Lc1—f4 Lf8—g7

Der Versuch, den Lf4 sofort zu verscheuchen, schlägt zum Nachteil von Schwarz aus: 4. ... Sh5, 5. Le5! (und nicht etwa 5. Sd5: Sf4:, 6. Sf4: e5!, 7. de5: Lb4†) 5. ... f6, 6. Lg3 Sg3:, 7. hg3: c6, 8. e3 Lg7, 9. Ld3 0—0, 10. Th7:! Kh7:, 11. Dh5† Kg8, 12. Lg6:.

5. e2—e3 0—0
6. Dd1—b3 ....

Bis auf den heutigen Tag ist es eine offene, aber auch eine ungemein interessante Frage geblieben, ob Schwarz in der nach 6. cd5: Sd5:, 7. Sd5: Dd5:, 8. Lc7: entstandenen Stellung für den geopferten Bauern hinreichende Kompensationen hat. Es scheint so.

6. .... c7—c5

Über Wert oder Unwert dieses Zuges dreht es sich in unserer Partie. In Betracht kommt daneben 6. ... dc4:, 7. Dc4: c6, 8. Sf3 Db6, 9. Db3 Le6 und falls nun 9. Dc2, so 9. ... c5.

7. c4×d5 c5×d4
8. e3×d4 Sb8—d7

Spiel und Widerspiel sind damit klar vorgezeichnet. Schwarz wird den weißen d-Bauern wiederzugewinnen trachten und gut stehen, wenn dies gelingt, Weiß die Beute so lange wie möglich zu behaupten versuchen.

9. Lf1—e2 Sd7—b6
10. Le2—f3 e7—e6

Hiermit beschreitet Schwarz einen neuen Weg. Er geht von der Überlegung aus, daß er nach 11. de6: Le6:, 12. Dc2 oder Dd1 Sfd5 kraft seines Entwicklungsvorsprunges eine mindestens gleiche Partie haben wird, daß aber für den Fall von 11. d6 der Bauer auf kurz oder lang verloren gehen muß.

Eine Partie Löwenfisch — Botwinnik (1937) entwickelte sich wie folgt 10. ... Lf5, 11. Td1 Dd7, 12. h3 h5, 13. Le5 Tdf8, 14. Lf6: ef6:, 15. Sge2 Tac8, 16. 0—0 Sc4, 17. Sg3 Sd6, 18. Tfe1 Lf8, 19. e4 Le4:, 20. Sge4: Se4:, 21. Se4: Kg7, 22. Df3 f5, 23. Sc3 b5, 24. a3 a5, mit gleichem Spiel.

11. d5—d6 Sf6—d7

Da dieser Zug später nicht hält, was er zu versprechen scheint, muß untersucht werden, ob 11. ... Se8 mehr eingebracht hätte.

12. Sg1—e2 e6—e5

Dies war als die Pointe des ganzen schwarzen Gegenspiels vom 10. Zuge ab gedacht.

13. d4×e5 Sd7×e5
14. Lf4×e5! Lg7×e5
15. Ta1–d1 Lc8–e6
16. Db3–b4 a7–a5

Etwas besser war 16. ... Tc8

17. Db4–c5! Sb6–c4

Schwarz glaubte jetzt den Bd6 zurückzugewinnen und damit seine Strategie belohnt zu sehen.

18. Sc3–d5! ....

Zerstört alle Illusionen. Wenn 18. ... Sd6:, dann 19. Sc7 und wenn 18. ... Ld5:, dann 19. Dd5: Tc8, 20. Tc1 (oder auch 20. b3) mit Materialgewinn.

18. ... Ta8–c8
19. Sd5–e7† Kg8–g7

Oder 19. ... De7:, 20. de7: Tc5:, 21. Td8.

20. Se7×c8 Dd8–g5

Droht Lc3† nebst Dc5: und auf 21. 0–0 Lh2:†. Aber wie pflegte Tarrasch zu sagen? „Dies sehen und parieren ist eins."

21. Se2–d4! Aufgegeben.

(21. ... Tc8:, 22. Se6:†).

PARTIE 53

Ein Donnerschlag

Wallis—Horsmann

(Nottingham 1954)

1. Sg1–f3 Sg8–f6
2. c2–c4 d7–d6
3. d2–d4 Sb8–d7
4. Sb1–c3 e7–e5
5. e2–e4 c7–c6
6. Lf1–e2 g7–g6
7. 0–0 Lf8–g7

Nun ist also „Königsindisch" daraus geworden.

8. h2–h3 0–0
9. Lc1–g5 e5×d4

Ob dieses Aufgeben des Zentrums angebracht ist, steht dahin. Schwarz tut es, um den Punkt e4 angreifen zu können.

10. Sf3×d4 Sd7–c5
11. Le2–f3 Tf8–e8
12. Tf1–e1 Dd8–b6
13. Sd4–b3 Lc8–e6

Hier war zuvor 13. ... Sb3: unbedingt erforderlich.

14. e4–e5 ....

Denn dieser Bauer darf wegen Le3! nicht geschlagen werden.

14. .... Sc5×b3
15. e5×f6 Sb3×a1
16. f6×g7 Le6×c4

Die Sorgen mehren sich! Falls 16. ... Kg7:, so 17. Da1: Lc4:, 18. Te8: Te8:, 19. b3 und Schwarz büßt wegen der Abzugsdrohung Sd5† eine Figur ein.

17. Dd1×a1 Te8×e1†
18. Da1×e1 Db6×b2

Auch in diesem Augenblick darf Schwarz nicht 18. . . . Kg7: ziehen, weil alsdann vernichtend 19. Se4 (droht Dc3†) folgen würde.

19. Lg5—h6 Lc4—e6

Gegen De7 gerichtet.

20. Sc3—e4 d6—d5

21. De1—b4! . . . .

Die Dame darf wegen Matt durch Sf6 nicht genommen werden. Andrerseits droht Df8†. Der Pfahl g7 im Fleische des Schwarzen hat sich bewährt.

21. . . . . Db2—a1†

22. Lf3—d1! Aufgegeben.

(22. . . . Dd1:†, 23. Kh2 usw.)

PARTIE 54

Gelungener Überfall

Defosse—Franck

(Antwerpen 1954)

1. d2—d4 Sg8—f6
2. c2—c4 e7—e6
3. Sg1—f3 b7—b6
4. Sb1—c3 Lf8—b4
5. a2—a3 Lb4×c3†
6. b2×c3 Sf6—e4
7. e2—e3 Lc8—b7

7. . . . Sc3:, 8. Dc2 und der Springer hat keinen Rückzug. Die Eröffnung ist so ein Mittelding zwischen Damenindisch und Nimzowitsch-Indisch geworden.

8. Lf1—d3 f7—f5
9. Dd1—c2 0—0
10. 0—0 Tf8—f6

Mit einer Handvoll Figuren soll ein Überfall gewagt werden. Aussichtslos ist ein solcher Versuch keineswegs, wie aus ähnlichen Stellungen mit der Turmwanderung Tf8—f6—h6 als Basis bekannt ist.

11. Sf3—d2 Tf6—h6
12. g2—g3 . . . .

In dem Bestreben, Dd8—h4 zu verhindern, läßt Schwarz sich zu einer selbstmörderischen Schwächung seiner Königstellung verleiten. Ein Blick auf die jetzt bis nach h1 geöffnete Diagonale, — und dem erfahrenen Spieler erstarrt das Blut in den Adern. Das muß schief gehen.

Weiß hätte getrost seinen Plan, mit 11. f3 den Se4 zu vertreiben und sich des Zentrums zu bemächtigen, ausführen sollen. Das Opfer 11. . . . Dh4, 12. fe4: Dh2:† dürfte nicht korrekt sein.

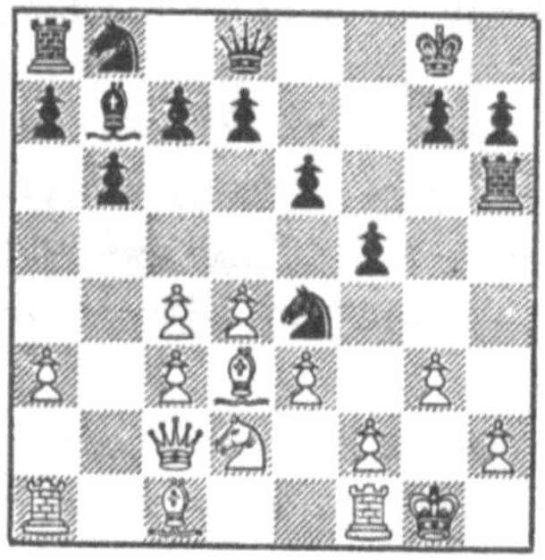

12. .... Dd8–h4!

Nun erst recht! Die Dame darf wegen Matt in 2 Zügen nicht genommen werden: 13. gh4: Tg6†, 14. Kh1 Sf2:.

13. Sd2–f3 Se4–g5!

Fortsetzung des Feuerwerks. Falls jetzt 14. Sh4:, so 14. ... Sh3 matt. Man sieht, welches Unheil der Zug 12. g3 angerichtet hat.

14. g3×h4 Sg5×f3†

15. Kg1–g2 ....

Oder 15. Kh1 Th4:, mit der Mattdrohung Th2:.

15. .... Sf3–e1†

16. Kg2–g3 Th6–g6†

17. Kg3–f4 Tg6–g4†

18. Kf4–e5 Sb8–c6 matt.

Fast aufs Haar genau gleicht dieser Partie die folgende, 1954 in Magdeburg gespielte. Die gleichen Fehler, die gleiche Mattführung! Die Zugumstellungen sind dabei belanglos. Wir fügen dieser kuriosen Duplizität der Ereignisse wegen den Magdeburger Vorfall hier an.

Wagner–Scheps: 1. d4 e6, 2. c4 f5, 3. Sf3 Lb4†, 4. Sc3 Sf6, 5. e3 0–0, 6. Ld3 b6, 7. 0–0 Lc3:, 8. bc3: Lb7, 9. Le2? Se4, 10. Dc2 Tf6, 11. Sd2 Th6, 12. g3

12. .. Sd2:, 13. Dd2: Dh4!, 14. Lh5 Dh2:†!, 15. Kh2: Th5:†, 16. Kg1 Th1 matt.

PARTIE 55

Eine Perle unter den Kurzpartien

Makarczyk—Sliwa

(Krakau 1954)

1.	d2–d4	Sg8–f6
2.	c2–c4	e7–e6
3.	Sb1–c3	Lf8–b4
4.	Dd1–c2	Sb8–c6
5.	Sg1–f3	d7–d6
6.	a2–a3	Lb4×c3†
7.	Dc2×c3	0–0
8.	g2–g3	....

In diesem Augenblick nicht angebracht, denn Schwarz erlangt leichter als sonst Eröffnungsausgleich. Wesentlich schwerer hätte er es nach 8. b4! gehabt.

8. .... e6–e5!

9. d4×e5 d6×e5

10. Sf3×e5 ....

Wie es scheint, betrachtet Weiß die Annahme des Bauernopfers als eine Art Ehrensache. Verpflichtet dazu war er nicht, er konnte mit 10. Lg5 h6, 11. Td1 De7, 12. Lf6: auf Sicherheit bedacht sein.

10. .... Sc6×e5

11. Dc3×e5 Tf8–e8

12. De5–c3 ....

So oder so, die Dame wird unerbittlich gejagt. Z. B. 12. Df4 Te4, 13. Dd2 Td4, 14. Dc2 Lf5.

12. .... Sf6–e4

Von hier ab entwickelt sich die Partie mit einer großartigen Kraft und Folgerichtigkeit. Jeder einzelne Zug sitzt.

13. Dc3–e3 ....

Anderes: a) 13. Db3 Sc5! gefolgt von Sd3†, b) 13. Dc2 Lf5, drohend Sg3:, c) 13. Df3 Ld7, 14. Lg2 Lc6.

13. .... Lc8–g4!

Um 14. Lg2 mit 14. ... Sc3, 15. Dc3: Te2:† beantworten zu können.

14. h2–h3 Dd8–d7!!

In der d-Linie winkt die Entscheidung, darum soll keine Minute unnütz verloren werden. Und er kann es sich bereits leisten, den Läufer einstehen zu lassen: 15. hg4: Tad8, 16. Db3 Sd2!, 17. Dc3 Sf3†, 18. Df3: Dd1 matt, oder 16. Dd3 Da4, 17. b3 Da5†, 18. b4 Da4.

15. Lc1–d2 Ta8–d8

16. Ld2–c3 Se4×c3

17. De3×c3 Lg4–f3!

18. Th1–g1 Te8–e4!

Droht Td4, aber auch Tc4:.

19. b2–b3 ....

19. e3 Dd1†

19. .... Te4–d4

20. Dc3–c1 ....

Eins greift wunderbar ins andere: 20. ef3: Td1†, 21. Ke2 De6†, 22. De3 T8d2 matt.

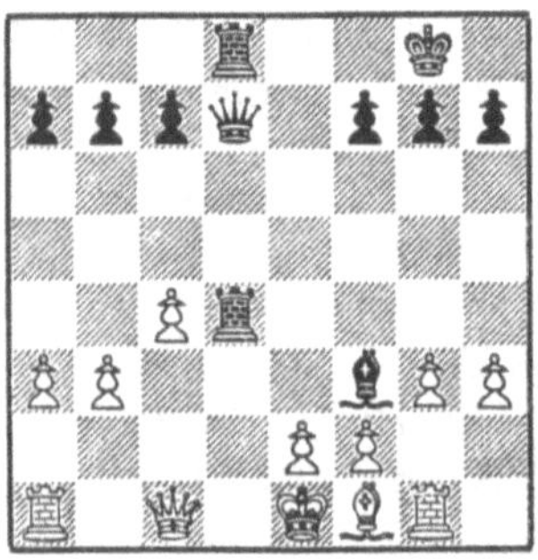

20. .... Td4–d2!

21. g3–g4 Dd7–d4

22. Ta1–b1 Td2–d1†!

Weiß gab auf (23. Dd1: Dc3†).

PARTIE 56

Verfehlte lange Rochade

Navarovszky—Florian

(Budapest 1955)

1. d2–d4 Sg8–f6
2. c2–c4 e7–e6
3. Sb1–c3 Lf8–b4
4. Dd1–c2 Sb8–c6
5. e2–e3 0–0

Schwarz kann auch sofort mit 5. ... e5 den Zentrumskampf aufnehmen, z. B. 6. d5 Se7, 7. a3 Lc3:†, 8. Dc3: d6, 9. Ld3 Lf5. In unserer Partie möchte der Nachziehende sich indessen ersichtlich nicht vorzeitig festlegen.

6. Lf1–d3 ....

Präziser dürfte zunächst 6. Sf3 d6, 7. a3 sein. Weiß tut immer gut, zur Klärung der Lage den Lb4 beizeiten mit a3 zu befragen.

6. ... Tf8–e8

7. Lc1–d2 Lb4–f8

8. a2–a3 ....

Um den Abtausch des Ld3 durch Sb4 zu verhindern, außerdem um b4 vorzubereiten.

8. ... a7–a5

9. 0–0–0 ....

Die lange Rochade paßt nicht in das von Weiß gewählte Eröffnungssystem. Richtig ist 9. Sge2 oder 9. Sf3 nebst kurzer Rochade.

9. ... d7–d5

10. Sg1–f3 Lc8–d7!

11. e3–e4 Sc6–b4!

Wenn Schwarz sich ein solches Opfer schon im 11. Zuge leisten kann – und er kann es –, dann muß bei dem weißen Partieaufbau irgend etwas nicht stimmen.

12. a3×b4 ....

Lehnt Weiß das Opfer ab, überläßt er auch dann dem Gegner die Initiative: 12. Db1 Sd3:†, 13. Dd3: dc4:, 14. Dc4: c6! mit der Absicht b7–b5–b4.

12. ... a5×b4

13. Sc3–b1 ....

Selbstverständlich war hier die Rückgabe der Figur zu erwägen. Doch befriedigt auch sie nicht.

a) 13. cd5: bc3:, 14. Lc3: ed5:, 15. e5 g6!, 16. ef6:? Ta1†, 17. Kd2 Lh6†;

b) 13. e5 bc3:, 14. Lc3: dc4:, 15. Lc4: Sd5 und die offene a-Linie sichert in Verbindung mit dem evtl. Vorgehen b7–b5 Schwarz das überwiegende Spiel.

13.... b4–b3!

Erst mit diesem Zug erhält das Springeropfer seine Rechtfertigung; nach 14. Db3: La4, 15. Dc3 Ld1:, 16. Td1: de4: würde Weiß um eine Qualität ärmer sein.

14. Dc2–c3 d5×e4

15. Ld3–e2 e4×f3

16. Le2×f3 Ta8–a1!

Weiß sieht sich nun zwei Drohungen gegenüber: 1. Dd8–a8–a2 und 2. e6–e5 gefolgt von Lf5. Beiden zugleich kann er nicht wehren. Der Bb3 ist wegen der Entgegnung La4 nach wie vor indirekt gedeckt.

17. Ld2–f4 ....

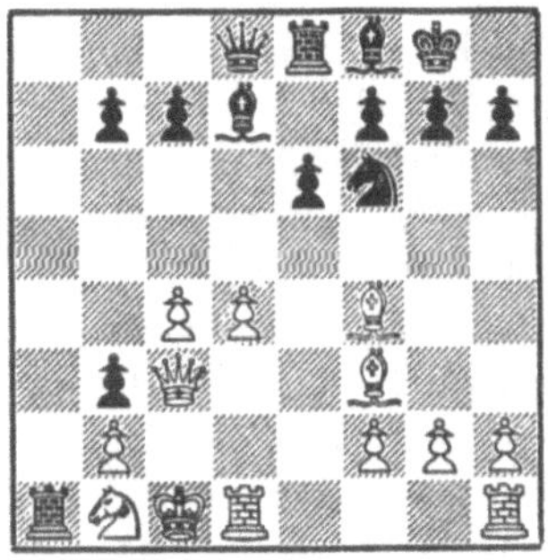

17. ... e6–e5!

18. d4×e5 Ld7–f5!

Wunderschön!

19. Td1×d8 Te8×d8

20. Lf3–d5 Ta1×b1†

21. Kc1–d2 Sf6–e4†

und Weiß gab auf.

PARTIE 57

Theoretischer Reinfall

Nievergelt—Durasevic

(Wien 1954, „Mitropacup")

1. d2–d4 Sg8–f6

2. c2–c4 e7–e6

3. Sb1–c3 Lf8–b4

4. Dd1–c2 ....

Heutzutage ist die Rubinsteinsche Fortsetzung 4. e3 die große Mode.

4. .... d7–d5

5. a2–a3 Lb4×c3†

6. Dc2×c3 Sf6–e4

7. Dc3–c2 c7–c5

8. d4×c5 Sb8–c6

9. c4×d5 ....

Unter Beiseiteschiebung der Entwicklung seines Königsflügels spielt Weiß hiermit, einer Empfehlung Bogoljubows folgend, auf Bauerngewinn. Ein kühnes, aber wie es scheint, durch die Stellung gerechtfertigtes Unterfangen.

9. .... e6×d5

10. Sg1–f3 Lc8–f5

Der Rückgewinn des Bauern überläßt dem Weißen hervorragende Endspielaussichten: 10. ... Da5†, 11. Ld2 Dc5:, 12. Dc5: Sc5:, 13. Lc3, er steht daher nicht zur Debatte.

Wie ein Damoklesschwert hängt nun der Lf5 über dem Haupte des Weißen und droht jeden Augenblick mit Sg3 ausgelöst zu werden und herabzustürzen.

11. b2–b4! ....

Er sieht der Gefahr ins Auge und fürchtet sich nicht: 11. ... Sg3, 12. Db2 Sh1:, 13. Dg7: Tf8, 14. Lh6 De7, 15. Df8:† Df8:, 16. Lf8: Kf8:, 17. g3 nebst Lg2 und gewonnenem Endspiel.

11. 0–0

12. Lc1–b2 b7–b6

Auch jetzt schlüge 12. ... Sg3 zu Ungunsten von Schwarz aus: 13. Dc3 d4, 14. Sd4: Sd4:, 15. fg3:! Sc2†, 16. Kf2 Dg5, 17. h4 Dh6, 18. g4 Le4, 19. g5 Dg6, 20. Td1 (Euwe–Najdorf, Mar del Plata 1947).

12. ... b6 stellt die einzige Möglichkeit dar, ein Gegenspiel aufzuziehen.

13. c5×b6 ....

Falsch! Den erfolgverheißenden Weg wies Bogoljubow in der 14. Partie seines Wettkampfes gegen Eliskases: 13. b5! bc5: (sonst c6), 14. bc6: Da5†, 15. Sd2 d4 und nun hätte Weiß mit 16. g4 Lg6, 17. f4! die Partie einem sicheren Siege zusteuern können.

13. ... Dd8×b6

14. e2–e3 ....

14. .... Sc6×b4!

15. a3×b4 Db6×b4†

16. Ke1–d1 Ta8–c8

17. Dc2–e2 Se4–c3†!

Das Damoklesschwert!

18. Lb2×c3 Db4–b3†!

Weiß gab auf.

PARTIE 58

Eine unglückliche Springerwanderung

Petrosjan—Nievergelt

(Belgrad 1954)

1. d2–d4 Sg8–f6

2. Sg1–f3 b7–b6

3. Lc1–g5 ....

Zu diesem ungewöhnlichen Zug gibt es nur einige wenige Vorbilder aus der großen Turnierpraxis. Euwe meint, daß wenn Weiß schon seinen Damenläufer entwickeln wolle, er ihn dann am besten nach f4 bringe.

3. . . . . Lc8—b7

In der 13. Wettkampfpartie Bogoljubow—Aljechin, 1934, zog der letztere 3. . . . Se4 und wußte das Spiel nach dem weiteren 4. Lh4 Lb7, 5. e3 h6, 6. Sbd2 mit 6. . . . g5, 7. Lg3 Sg3:, 8. hg3: e6, 9. c3 d6, 10. Da4† c6, 11. Se4 g4 auf das interessanteste zu komplizieren.

4. Sb1—c3 d7—d5

5. e2—e3 . . . .

Euwe—Kmoch, Amsterdam 1936: 5. Se5 e6, 6. e4 de4:, 7. Lb5† c6, 8. Lc4 Sbd7 und nun hätte Weiß sich mit 9. Sd7: Dd7:, 10. Lf6: gf6:, 11. Se4: recht günstig stellen können.

5. . . . . g7—g6

Fianchettierungen sind eine lobenswerte Sache, jedoch kein Allheilmittel in allen Lebenslagen. So hat auch der junge Nievergelt in dieser Partie keine rechte Freude daran. Prüfenswert war die Fortsetzung 5. . . . Sbd7, 6. Ld3 e6, 7. e4 (7. Se5 Dc8), 7. . . . de4:, 8. Se4: Le7, wonach die Eröffnung einen „französischen" Charakter angenommen hätte.

6. Lf1—b5† c7—c6

7. Lb5—d3 Lf8—g7

8. e3—e4 0—0

Die Alternative und wohl die vernünftigere bestand in 8. . . . de4:, 9. Se4: Sbd7, 10. De2 Se4:, 11. Le4: Sf6.

9. e4—e5 Sf6—d7

10. Sc3—e2 . . . .

Um nach 10. . . . c5 mit 11. c3 die zentrale Bauernkette intakt halten zu können.

10. . . . . f7—f6

1. e5×f6! e7×f6

12. Lg5—e3 Sb8—a6

„Mit 12. . . . f5, 13. h4 Sf6, 14. Sf4 De8, 15. h5 Sh5: konnte Schwarz sich aktiv verteidigen. Das umständliche Springermanöver mit Beseitigung des Ld3 kostet wertvolle Zeit, die der Großmeister entschlossen ausnutzt" (Schuster).

13. h2—h4! Sa6—b4

14. h4—h5 Sb4×d3†

15. Dd1×d3 Dd8—e8

16. h5×g6 h7×g6

17. Se2—f4 Sd7—e5

Nachdem Schwarz sich davon überzeugt hat, daß seine Stellung nach 17. . . . f5, 18. 0—0—0 wegen der Schwäche in der h-Linie nicht mehr verteidigungsfähig ist (18. . . . Sf6, 19. Se5), setzt er kühnlich alles auf eine Karte.

18. d4×e5 f6×e5

19. Dd3×g6! e5×f4

20. Dg6—h7† Kg8—f7

21. Th1—h6! . . . .

21. Sg5† bringt wegen 21. . . . Kf6 nichts ein. Jetzt aber droht das Springerschach Tod und Verderben.

21. . . . De8—e7

Anderes: a) 21. . . . fe3:, 22. Sg5† Ke7, 23. Dg7:† Kd8, 24. Se6†,

b) 21. ... Th8, 22. Sg5† Kf8, 23. Df5† Kg8, 24. Th8:† Lh8:, 25. Dh7†.

22. Dh7—g6† Kf7—g8

23. Sf3—g5 Aufgegeben.

(23. ... Tf6, 24. Th8†! Kh8:, 25. Dh7 matt).

PARTIE 59

Springeropfer auf f6

Brinckmann—Raeder

(Hamburg 1954)

1.	Sg1—f3	d7—d5
2.	b2—b3	c7—c5
3.	Lc1—b2	Sb8—c6
4.	e2—e3	Lc8—g4
5.	Lf1—e2	Sg8—f6
6.	d2—d4	e7—e6
7.	Sb1—d2	c5×d4
8.	Sf3×d4	Lg4×e2
9.	Dd1×e2	Lf8—d6

Im Sinne der mit 7. ... cd4: begonnenen Vereinfachungsaktion hätte es gelegen, auch noch den Sd4 zu tauschen. Dann war nicht allzuviel los.

10.	Sd4×c6	b7×c6
11.	0—0	0—0
12.	e3—e4	....

Weiß, in der Entwicklung voraus und gestützt auf den weit ausgreifenden Lb2, will mit diesem und dem folgenden Zuge das Spiel öffnen oder wenigstens doch eine für ihn günstige Bauernkonstellation im Zentrum erreichen.

12.	....	Sf6—d7
13.	c2—c4	Dd8—c7
14.	h2—h3	Ld6—e5
15.	Lb2×e5	Dc7×e5
16.	f2—f4	De5—d6
17.	Ta1—d1	d5—d4

Dies ist der Zug, den Schwarz ins Auge gefaßt hatte, es ist aber auch der Zug, den Weiß provozieren wollte, so daß hier also sich die Geister scheiden.

18.	e4—e5	Dd6—c7
19.	Sd2—e4	c6—c5
20.	Td1—d3	....

Nachdem in der Mitte die Stellung erstarrt ist, schreitet Weiß zum Königsangriff. Die Aussichten sind nicht schlecht, besonders der Se4 steht gefährlich. Aber das die Partie schon nach drei Zügen zu Ende sein würde, kommt einigermaßen überraschend.

20. .... Ta8—e8

Um f7—f6 vorzubereiten, was im Augenblick wegen ef6: 21. Sf6: Sg5 nicht angängig ist.

21. De2—h5 Te8—e7

Ein Zug zuviel! Schwarz sah, daß auf 21. ... f6, 22. ef6: Sf6: der Bc5 verloren ginge und will daher mit dem Turmzug das unbedingt notwendige Entlastungsmanöver f7—f6 vorbereiten. Darauf folgt jedoch ein hübscher Kurzschluß.

Er hätte dennoch 21. ... f6 ziehen und nach 22. ef6: mit 22. ... gf6: fortfahren sollen, wonach noch nichts entschieden war.

(Siehe Diagramm Seite 71)

22. Se4—f6†! Aufgegeben,

denn nach 22. ... gf6:, 23. Tg3† Kh8, 24. Dg4 wird Schwarz matt, und nach 22. ... Sf6:, 23. ef6: geht wenigstens der Te7 verloren (23. ... Td7, 24. Dg5 g6, 25. Dh6).

PARTIE 60

Belohnter Mut

Crisovan—Chatelain

(Fernpartie 1955)

1.	d2—d4	Sg8—f6
2.	f2—f3	d7—d5
3.	e2—e4	d5×e4
4.	Sb1—c3	e4×f3

Das angenommene „Blackmar-Gambit“ zählt zweifellos zu den starken und gefährlichen Gambits. Leichter hat Schwarz es wahrscheinlich bei der Ablehnung mittels 4. ... Lf5.

5.	Sg1×f3	Lc8—f5
6.	Lf1—c4	e7—e6
7.	0—0	Lf8—e7
8.	Lc1—g5	....

Die Beherrschung der e- und f-Linie, der Läufer auf g5 und der gelegentliche Zug Se5, das sind die tragenden Elemente der Angriffs im Blackmar-Gambit.

8.	...	Sb8—d7
9.	d4—d5	....

Sehr richtig, Weiß sucht sofort seine überlegene Entwicklung durch Öffnung des Spiels zur Geltung zu bringen.

9.	...	Sf6×d5
10.	Lc4×d5	Le7×g5

Falls 10. ... ed5:, so 11. Le7: De7:, 12. Dd5: Le6 (12. ... Dc5†, 13. Dc5 Sc5:, 14. Tae1† nebst Te5) 13. Db7: mit Bauerngewinn.

11.	Ld5×b7	Ta8—b8
12.	Sf3×g5	Tb8×b7

Spielbar dürfte auch 12. ... Dg5, sein, z. B. 13. Lc6 Td8, 14. Dd4 0—0) 15. Ld7: De7, 16. Da7: (16. Tad1 e5!, 16. ... Dd7:, 17. Tad1 Dc6.

13.	Sg5×f7!	Ke8×f7
14.	Tf1×f5†!	Sd7—f6

Schwarz wird sich davon überzeugt haben, daß der Gegner nach 14. ... ef5:, 15. Dd5† Kg6, 16. Db7: Db8, 17. Db8:, Tb8:, 18. b3 nebst Td1 das bessere Endspiel hat.

15.	Tf5×f6†!	....

Mut und Entschlossenheit von Weiß verdienen das höchste Lob. 15. ... Kf6: hätte nun 16. Df3† nebst Db7: zur Folge und auf 15. ... Df6:, 16. Dd7† Kg6, 17. Tf1 De5, 18. Dd3† Kh6, 19. Se4 würde der an die Wand gedrängte schwarze König irgendwie zur Strecke gebracht werden (19. ... g6, 20. Tf7).

15. .... g7×f6
16. Dd1—h5† Kf7—e7

16. ... Kg7 war die Forderung. Mehr als ein Remis wäre danach Weiß trotz allen heißen Bemühens nicht beschieden gewesen.

Man prüfe: 17. Td1 De7, 18. Td3 Td8 oder 18. Se4 Td8.

Das Remis freilich hat Weiß nach 16. ... Kg7 mit 17. Dg4† immer in der Hand.

17. Ta1—d1 Dd8—g8

Vermutlich hatte Schwarz übersehen, daß 17. ... De8 an 18. Sd5†! ed5:, 19. Te1† scheitert. Auf 17. ... Dc8 verfügte Weiß über verschiedene starke Angriffsfortsetzungen, wie 18. Se4 oder 18. Te1.

18. Dh5—c5† Ke7—f7
19. Td1—d7† Kf7—g6
20. Sc3—e2! e6—e5
21. Dc5—e3 Tb7—b4
22. De3—g3† Aufgegeben

(22. ... Kf5, 23. Tg7 Dd5, 24. Dh3† oder 22. ... Kh6, 23. Dh3† Kg5, 24. Sg3).

PARTIE 61

Ein unangebrachter Seitensprung

Dr. Kellermann—Friedl

(Nürnberg 1955)

1. d2—d4 Sg8—f6
2. Lc1—g5 Sf6—e4
3. Lg5—h4 ....

Hierdurch und durch den folgenden Zug von Schwarz erhält die Partie ein eigenartiges Gepräge, worüber die Lehrbücher so gut wie nichts zu berichten wissen. Was nicht unbedingt ein Nachteil zu sein braucht.

3. .... g7—g5
4. f2—f3 ....

Auf 4. Lg3 wäre 4. ... h5 die Folge gewesen.

4. .... g5×h4
5. f3×e4 c7—c5
6. e2—e3 Lf8—h6

Nach 6 Zügen eine solche Stellung? — die Schriftgelehrten werden die Hände über den Köpfen zusammenschlagen.

7. Lf1—c4 Dd8—b6

Ein grober Fehler wäre 7. ... Le3:, wegen 8. Df3!

8. Sb1—c3 e7—e6

Und beileibe nicht 8. ... Db2:, wegen 9. Sb5 nebst Tb1.

9. Ke1—f2 ....

Über einen anderen Deckungszug verfügt Weiß nicht, denn auf 9. Dd2 würde Schwarz vorteilhaft 9. ... Le3:, 10. De3: cd4: erwidern und auf 9. Df3 einfach und lieblos auf b2 hineinschlagen. Indessen ist der Zug 9. Kf2 auch gut genug.

9. .... Sb8—c6
10. Sg1—f3 c5×d4
11. e3×d4 Lh6—g7
12. Sc3—e2 d7—d6

Immer noch hätte 12. ... Db2: seine Bedenken.

13. c2—c3 Lc8—d7
14. Dd1—d2 Sc6—e7
15. Sf3×h4 ....

Während sich Schwarz hinsichtlich des Bb2 weise Mäßigung auferlegt hat, kann Weiß der Versuchung nicht widerstehen, schon jetzt den ohnhin dem Tode geweihten Bh4 zu verspeisen. Der dadurch entstehende Zeitverlust rächt sich bitter. Angezeigt war 15. Thf1, um mit dem König über g1 beschleunigt nach h1 zu entfleuchen. Er hätte dann ein Spiel mit gleichen Aussichten gehabt.

15. .... d6–d5!
16. Lc4–d3 e6–e5!
17. e4×d5 ....

Der Schlauberger! Er möchte nach 17. ... ed4: mit 18. c4 die Mitte abschließen. Aber diese Chance gibt ihm der bereits Morgenluft witternde Gegner selbstverständlich nicht. Doch was soll man dem Weißen überhaupt noch raten? Falls 17. Sf3, so 17. ... de4:, 18. Le4: f5, 19. Lc2 Lh6 nebst e4 und total überlegenen Stellung für den Nachziehenden.

17. .... Lg7–h6!

Dieser Läufer ist der eigentliche Held des Tages.

18. Dd2–c2 Se7×d5
19. Th1–e1 ....

Etwas länger konnte Weiß sich mit 19. Sf3 halten.

19. .... Db6–f6†
20. Sh4–f3 Lh6–e3†
21. Ke1–f1 ....

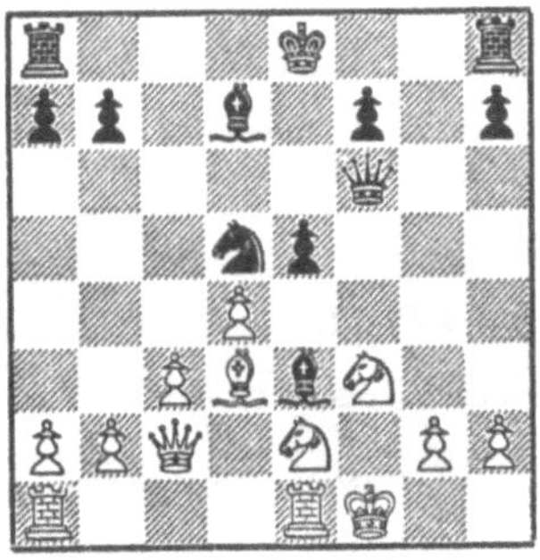

21. .... Df6×f3†!

und Weiß wird matt.

„Nicht die guten, sondern die zweifelhaften Züge verwirren den Gegner. Wenn man in der Eröffnung einen Bauern hergibt, hat man die beste Chance, daß der Gegner zu leicht darüber hinweggeht. Dagegen wird eine von Anfang an gut aufgebaute Partie oft zu einer leichten Initiative führen, die sich jedoch langsam verblutet, weil man den Gegner praktisch zwingt, die guten Züge auszuführen.“ (Euwe.)

Züge mithin, die gewissermaßen aus der logischen Ordnung, aus Regel und Konvention fallen, denen eine solche Wirkung nachgesagt wird. Oder gar nachgerühmt? Man kann Euwes Bemerkung auch anders ausdrücken: der gefahrenfreudige Taktiker, der das Ungewöhnliche, ja das Absurde sucht, bestimmt das Gefälle der Partie, füllt sie mit rauschendem Leben. Nicht der Stratege, der, wenn er auf seinesgleichen trifft, eigentlich nur auf Remis hoffen darf, weil beide sich eben gegenseitig zwingen, „die guten Züge auszuführen“. Indessen, was fruchtbar ist, allein ist wahr. Und darum ist es auch von je für uns eine ausgemachte Sache gewesen, daß alle wahrhaften Könner im Schach große Taktiker sind und waren.

HOLLÄNDISCH
ENGLISCH
UND ANDERES

PARTIE 62

Ein Läufer stand abseits

Kotov—Pimenov

(Eriwan 1954)

1.	d2–d4	e7–e6
2.	Sg1–f3	f7–f5
3.	g2–g3	Sg8–f6
4.	Lf1–g2	c7–c5

Über zwei Entwicklungsmethoden verfügt Schwarz in dieser Stellung und zwar entweder 4.... d6, mit der Absicht, irgendwie und wann einmal e5 durchzudrücken, oder 4.... d5 nebst c6, womit die sogenannte Stonewall-Aufstellung herbeigeführt wird. Was den Schwarzen, der ja schließlich kein unbeschriebenes Blatt ist, veranlaßt hat, hiervon abzuweichen, wissen wir nicht. Abneigung gegen die ausgefahrenen Gleise der „Theorie"? Lust am Abenteuer? Beides ist zu preisen, kann aber auch bittere Enttäuschungen bringen. So wie hier.

5.	c2–c4	c5×d4
6.	Sf3×d4	Sb8–c6
7.	0–0	a7–a6
8.	Sb1–c3	Lf8–c5

Fürs Auge ein ganz guter, in Wirklichkeit aber bedenklicher Zug. Der Läufer, steht auf c5 abseits er gehört nach e7, zum Schutz der Königsstellung. Dort wird er später fehlen.

9.	Sd4–c2!	d7–d6
10.	e2–e4	e6–e5
11.	Lc1–g5	....

Stünde jetzt der schwarze Läufer auf e7, wäre alles nur halb so schlimm; nun jedoch wirkt die Fesselung hochnotpeinlich.

11.	....	h7–h6

Besser war die Rochade (11.... 0–0, 12. Sd5 Le6).

12.	Lg5×f6	Dd8×f6
13.	Sc3–d5	Df6–f7
14.	b2–b4!	Lc5–d4

Nach 14.... La7, 15. b5 ab5:, 16. cb5: Sd8, 17. b6 Lb8 wäre dieser Läufer keinen Schuß Pulver mehr wert.

15. b4—b5! ....

Sehr schön!

15. .... a6×b5

An 15. ... La1: hätte er ebensowenig Freude gehabt: 16. bc6: bc6:, 17. Sb6 Tb8, 18. Sc8: Tc8:, 19. Sa1:, mit Materialgewinn, oder 16. bc6: Ld4, 17. Sd4: ed4:, 18. Sb6 Tb8, 19. Sc8: Tc8:, 20. cb7: Db7:, 21. ef5: Dd7, 22. Dd4: und die schwarze Stellung ist hoffnungslos (22. ... 0—0, 23. Ld5† nebst Le6).

16. c4×b5 f5×e4

Wie düster es bereits im schwarzen Lager aussieht, zeigt die Wendung 16. ... Sd8, 17. Sd4: ed4:, 18. Tc1! mit der dreifachen Drohung Sc7†, Sb6 und Tc7. Das hielte kein Pferd aus.

17. b5×c6 Df7×d5

18. Sc2×d4 Dd5×d4

Natürlich nicht 18. ... ed4:, wegen 19. Le4: De4:, 20. Te1.

19. Dd1—h5† Schwarz gab auf.

Ein bißchen früh, wie es scheint, bei näherem Zusehen aber doch mit vollem Recht. Z. B. 19. ... Ke7, 20. Dg6 Tg8, 21. Tfd1 Dc5, 22. Tac1 oder 19. ... Kf8, 20. Tad1 Dc5 (20. ... Db4, 21. f4) 21. Le4: bc6:, 22. Tc1 nebst Lc6:.

PARTIE 63

Zwillingsbrüder

Edgar—Lott

(Fernpartie 1955)

1. d2—d4 f7—f5

2. e2—e4 ....

Das „Staunton-Gambit" wird von Vielen für so gefährlich gehalten, daß sie auf 1. d4 nicht sofort 1. ... f5, sondern zuvor 1. ... e6 spielen. Das jedoch bedeutet insofern ein Zugeständnis, als Schwarz sich damit bereit erklärt, auch eine „französische Partie" zu akzeptieren (1. d4 e6, 2. e4).

2. ... f5×e4

3. Sb1—c3 Sg8—f6

4. Lc1—g5 e7—e6

Erst mit 4. ... c6, 5. f3! oder 4. ... g6 5. f3! entsteht das eigentliche Staunton-Gambit. Der Zug 4. ... e6 steht überall mit einem Fragezeichen zu Buche, wobei als Argument immer wieder die brillante Kurzpartie Ed. Lasker—Thomas (London 1912) herhalten muß: 5. Se4: Le7, 6. Lf6: Lf6:, 7. Sf3 b6, 8. Se5 0—0, 9. Ld3 Lb7, 10. Dh5 De7 und Weiß kündigte ein Matt in 8 Zügen an, beginnend mit 11. Dh7:†! Kh7:, 12. Sf6†. Allein diese Partie ist nicht beweiskräftig, weil Schwarz mit 10. ... Le5:! (statt 10. ... De7) den Angriff glatt abschlagen konnte.

5. Lg5×f6 Dd8×f6

6. Sc3×e4 Df6—g6

Sehr gefährlich! Mit 6. ... Dh6! behielte Schwarz eine zufriedenstellende Partie.

7. Lf1–d3! Dg6×g2

Natürlich, wer a sagt, muß auch b sagen.

8. Dd1–h5† g7–g6

Auf 8. . . . Ke7 setzt Weiß ruhig mit 9. Sg3 nebst 0–0–0 fort, bei klarem Entwicklungsvorsprung. Hingegen ließe 8. . . . Kd8 Mattgedanken zu: 9. Sg5 Dh1:, 10. Sf7† Ke7, 11. Sh8: Dg1:†, 12. Ke2 Da1:, 13. Df7† Kd6, 14. Df8:† Kc6, 15. Dc5.

9. Dh5–e5 Dg2×h1

10. De5×h8 Dh1×g1†

Es gehört sozusagen zum guten Ton, daß man in derartigen Stellungen sich auch noch den zweiten Turm zu Gemüte führt; denn wie sollte es sonst zu „unsterblichen" Partien kommen, nach denen es uns Allen doch um unserer Fröhlichkeit willen dürstet. Ob Weiß auch nach 10. . . . Dh2:! in Schönheit gesiegt hätte, muß füglich bezweifelt werden.

11. Ke1–d2 Dg1×a1

12. Se4–f6† Ke8–e7

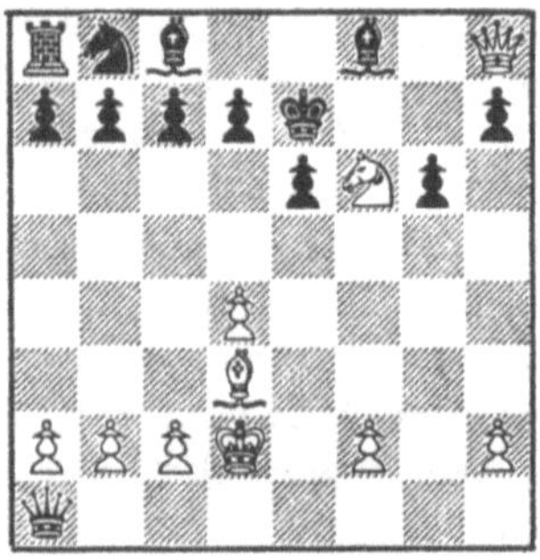

Und was ist mit 12. . . . Kf7? Die Antwort darauf gibt uns die Partie Dr. Göring–Minckwitz (1871), die bis zum 12. Zuge genau mit unserer Partie Edgar–Lott übereinstimmt, mithin ein echter Zwillingsbruder ist. Der Schluß lautete dort wie folgt: 12. . . . Kf7, 13. Dg8† Kf6: (falls 13. . . . Ke7, so 14. Dh7:† Kf6:, 15. Dg6:† Ke7, 16. Dg5† Kf7, 17. Lg6† usw.), 14. Df8:† Kg5, 15. f4† Kg4, 16. Le2† Kh3, 17. Dh6† Kg2, 18. Dg5† Kh2:, 19. Lf3 Df1, 20. Dh4† Kg1, 21. Dg3† nebst Matt.

13. Sf6–d5†! . . . .

Daß Weiß sich auch noch dieses Opfer erlauben kann, ist wahrhaft erstaunlich.

13. . . . . e6×d5

Oder 13. . . . Ke8, 14. Dh7: ed5:, 15. Lg6:† Kd8, 16. Dh4† Le7, 17. Dh8†.

14. Dh8×h7† Ke7–d6

15. Dh7×g6† Kd6–e7

16. Dg6–g5† Ke7–f7

17. Ld3–g6† Kf7–g8

18. Dg5–f6! . . . .

Mattstellung. Daran können auch ein paar Schachs von Schwarz nichts mehr ändern.

18. . . . . Lf8–b4†

19. c2–c3 Da1×b2†

20. Kd2–d1 Db2–a1†

21. Kd1–e2 Da1–b2†

22. Ke2–f3 Db2×c3†

23. Kf3–g2 Aufgegeben.

Eine nicht alltägliche Partie!

PARTIE 64

Allzu scharf macht schartig

Bialas—Gumprich

(Berlin 1954)

1. Sg1–f3 f7–f5

2. e2–e4 . . . .

Angst hat er nicht.

2. . . . f5×e4

Wutentbrannt nimmt Schwarz den Fehdehandschuh auf. Nötig war das nicht, er durfte auch das Angebot mit 2. . . . d6 dankend ablehnen.

3. Sf3—g5 Sg8—f6

4. d2—d3 e4×d3

So durfte er aber wirklich nicht dem Gegner in die Karten spielen. Mit 4. . . . e6 blieb er mit beiden Beinen auf der Erde.

5. Lf1×d3 . . . .

Droht Sh7:!

5. . . . . g7—g6

6. h2—h4! . . . .

Während Weiß hiernach bereits mit 5 Figuren im Spiel ist (Dd1, Th1, Ld3, Lc1, Sg5) und die schwarze Königsstellung mit h4—h5 aufzurollen sich anschickt, hat Schwarz so gut wie nichts für die Entwicklung geleistet. Kein Zweifel, er muß dem Sturm erliegen.

6. . . . . d7—d5

7. h4—h5! g6×h5

Zu einer sofortigen, fast möchte man sagen: dem Partieverlauf angemessenen Katastrophe hätte 7. . . . Sh5: geführt: 8. Th5: gh5:, 9. Dh5:† Kd7, 10. Sf7 De8, 11. Dd5 matt.

8. Ld3×h7 . . . .

8. Th5:? Lg4!

8. . . . . Dd8—d6

9. Lh7—g6† Ke8—d7

10. Lg6—f5† e7—e6

11. Lf5×e6† Kd7—c6

Die Götter verhüllen ihr Haupt.

12. Le6×c8 Lf8—h6

13. Lc8—h3 Dd6—e5†

14. Dd1—e2 Th8—e8

15. De2×e5 Te8×e5†

16. Ke1—d1 Lh6×g5

17. f2—f4 Aufgegeben;

eine Figur blieb auf der Strecke.

PARTIE 65

Ein prächtiges Turmopfer

Dr. Tesar—Krylov

(1954)

1. c2—c4 f7—f5

2. Sg1—f3 Sg8—f6

3. d2—d3 b7—b6

Auf den bescheidenen 3. Zug von Weiß war auch 3. . . . d6, 4. Sc3 e5 eine honorige Fortsetzung

4. e2—e4 . . . .

Er glaubt sofort eine scharfe Gangart einschlagen zu dürfen, da 4. . . . fe4:, 5. de4: Se4: wegen 6. Dd5 eine Figur kosten würde. Und wenn 4. . . . fe4:, 5. de4: Lb7, so 6. e5 Se4, 7. Ld3 mit einer für Schwarz mehr als verdächtigen Stellung. Z. B. 7. . . . e6, 8. Dc2 oder 7. . . . Sc5, 8. Lc2 g6, 9. h4.

4.		d7—d6
5.	e4—e5	d6×e5
6.	Sf3×e5	Lc8—b7
7.	Lf1—e2	e7—e6
8.	Le2—h5†	....

Um nach altbewährter Methode im Vorbeigehen die gegnerische Königsstellung zu lockern.

8.		g7—g6
9.	Lh5—f3	Dd8—c8
10.	0—0	Lf8—d6
11.	Dd1—a4†	Ke8—e7

Dieser Zug ist von der Kritik getadelt und an seiner Statt 11. ... Sbd7 als der richtige Zug erklärt worden. In der Tat, nach 12. Te1 Lf3:, 13. Sf3: 0—0! stünde Schwarz völlig befriedigend (14. Te6:? Sc5), ebenso nach 12. Lb7: Db7:, 13. Sd7: Sd7:. Allein auch der Königszug ist noch kein Fehler.

12.	Tf1—e1	Ld6×e5
13.	Lf3×b7	Le5×h2†

Obwohl nur ein armseliger Randbauer, so wollte Schwarz sich diese Beute doch nicht entgehen lassen, trotz des damit verbundenen Zeitverlustes. Ein wohlarrondiertes Spiel hätte er bei 13. ... Db7:, 14. Te5: Sbd7, 15. Te2 Sc5 nebst Tad8 gehabt. Aber des Menschen Wille ist sein Himmelreich.

14.	Kg1×h2	Dc8×b7
15.	Sb1—c3	c7—c5

Er hat Angst vor d3—d4—d5. Indessen zu Unrecht, wie die Zugfolge 15. ... Sbd7, 16. d4 Kf7, 17. d5 e5 lehrt. Zugegeben, der schwarze König steht mit dem Te1 als Vis-à-vis ein wenig ungemütlich, ein Grund, deswegen die Ohren hängen zu lassen, war das indessen nicht.

Mit 15. ... c5 verhindert Schwarz zwar d4, aber er lädt ein anderes Übel auf sich, nämlich die Schwächung des Feldes d6; außerdem geht weitere Zeit verloren.

16.	Lc1—f4!	Th8—d8

So viel ist klar: 16. .. Kf7 ist wegen 17. Sb5 mit der Doppeldrohung Sd6† und Sc7 zu verwerfen. Klar ist auch, daß 16. ... Sc6 wegen 17. Sd5† nicht gut sein kann. Man sehe: 17. ... Sd5: (17. ... Kf7, 18. Sc7), 18. cd5: Sd8, 19. de6: Se6:, 20. Te6:†! Ke6:, 21. Te1† und der schwarze König, allein auf weiter Flur, erliegt dem konzentrischen Angriff der weißen Figuren.

Nicht klar sind dagegen die Folgen von 16. ... Sbd7. Will Weiß weiterkommen, muß er sich in der e-Linie verdoppeln. Also 17. Te2. Falls nun 17. ... Kf7, so wiederum 18. Sb5. Schwarz kann jedoch den Hals gerade noch aus der Schlinge ziehen, indem er furchtlos 17. ... e5! spielt. Es folgt: 18. Le5: Se5: (besser als 18. ... Sg4†, 19. Kg1 Sge5:, 20. f4), 19. Te5:† Kf7 und nun muß Weiß wegen der Drohung Sg4† ein Tempo verlieren, worauf Schwarz sich mit The8 sicherstellt.

Man ersieht aus diesem Exempel wieder einmal, welche Möglichkeiten sich einer aufmerksamen und spürsinnigen Verteidigung bieten.

17.	Sc3—d5†!	Sf6×d5
18.	c4×d5	Td8×d5

18. ... Dd5:, 19. Lg5†.

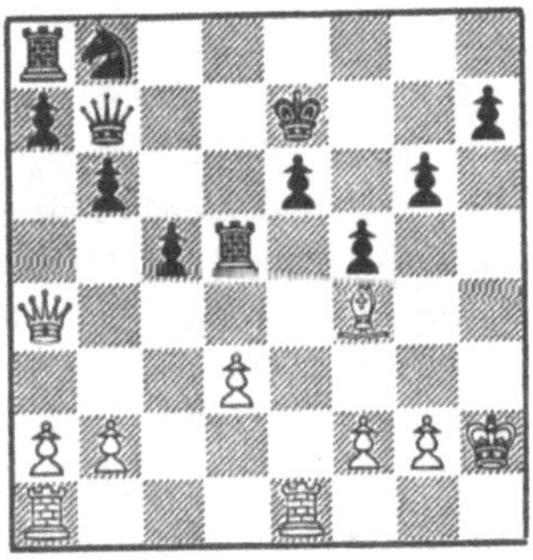

19.	Te1×e6†!	Ke7×e6
20.	Da4–e8†	Ke6–f6
21.	De8–f8†!	

Die Pointe der schönen Kombination. Auf 21. ... Df7 gewinnt, 22. Lg5† Ke6, 23. Te1† die Dame und auf 21. ... Ke6, 22. Te1† wird Schwarz matt.

PARTIE 66

Ein toter Läufer

Brunhammer—Malmgren

(Fernschachweltmeisterschaft 1954)

1.	c2–c4	e7–e5
2.	Sg1–f3	Sb8–c6
3.	Sb1–c3	Sg8–f6
4.	d2–d4	e5×d4
5.	Sf3×d4	Lf8–b4
6.	Sd4×c6	....

Dabei kommt nicht viel heraus. Als gehaltvoller gilt 6. Lg5 oder auch 6. g3.

6.	....	Lb4×c3†
7.	b2×c3	b7×c6
8.	Lc1–a3	....

Ein merkwürdiges Manöver. Es ist im übrigen der erste und zugleich letzte Zug des Läufers in dieser Partie. Erwartet hätte man 8. Lg5.

8.	....	d7–d6
9.	c4–c5	d6–d5
10.	e2–e3	0–0
11.	Lf1–d3	Sf6–g4!

In Verbindung mit dem folgenden Damenzug erweist sich diese auf den ersten Blick unscheinbare Diversion als sehr gefährlich, was von Weiß erst erkannt wird, als es bereits zu spät ist.

12.	h2–h3	Dd8–h4
13.	0–0	Sg4–e5!
14.	Ld3–e2	....

Zu solchen Rückzügen gebrach es dem Weißen an Zeit. Er mußte energisch spielen: 14. f4 Sd3:, 15. Dd3: und wenn jetzt 15. ... Lh3:, so 16. e4! Lg4 17. e5 und hätte trotz des Bauern weniger recht gut gestanden. Das gleiche wäre nach 15. ... Te8, 16. c4 der Fall.

14.	....	Lc8×h3
15.	g2×h3	Dh4×h3
16.	f2–f4	....

Auch andere Verteidigungszüge befriedigen nicht mehr, so z. B. 16. De1 f5, 17. f4 Tf6.

16.	....	Dh3–g3†
17.	Kg1–h1	Ta8–e8!
18.	f4–f5	....

Auf 18. fe5: wäre gefolgt 18. ... Te6, 19. Lh5 Th6, 20. Df3 De5:!, 21. Tf2 Th5:†, 22. Kg1 Tg5†, 23. Kf1 Dc3:

(Siehe Diagramm Seite 80)

18.	....	Se5–d3!

Ein munteres Roß! Die brutale Drohung: Te4 nebst Th4.

19.	Dd1×d3	....

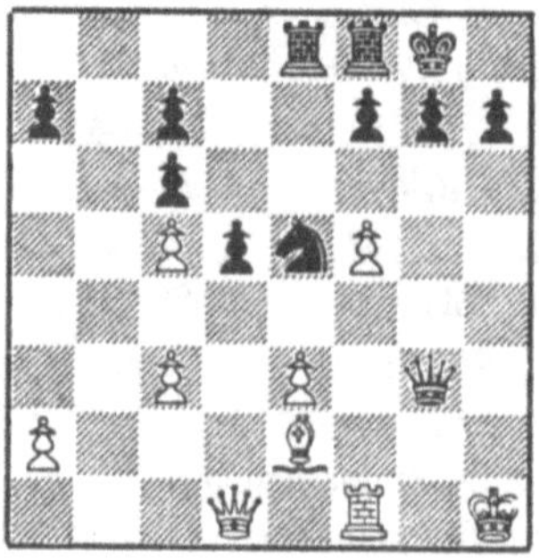

Auch nach 19. Ld3: Te3: wäre Weiß hilflos. Falls aber 19. Tf3, so 19. .... Sf2†, 20. Tf2: Df2:, 21. Df1 De3:, mit Gewinnstellung.

19. .... Te8×e3

20. Tf1–f3 ....

Oder 20. Dd2 Te4.

20. .... Dg3×f3†

und Weiß gab auf, weil nach 21. Lf3: Td3:, 22. Kg2 Tc3:, 23. Lb4 Tc2†, 24. Kf1 Te8 das materielle und positionelle Übergewicht von Schwarz zu groß ist.

PARTIE 67

Zu viel Bauernzüge

Heinicke—Stahlberg

(Hamburg 1955)

1. c2–c4 e7–e6
2. g2–g3 d7–d5
3. Sg1–f3 d5–d4

Eine zweischneidige Eröffnungsbehandlung. Der Raumvorteil des Schwarzen ist nur scheinbar, vielmehr wird der Bauer d4 bald zu einem willkommenen Aufrollungspunkt für Weiß. Solider dürfte 3. ... Sf6 nebst Le7 uws. sein.

4. Lf1–g2 Sb8–c6
5. 0–0 e6–e5
6. d2–d3 a7–a5

Um b2–b4 zu verhindern. Stahlberg werden dabei etwa folgende Möglichkeiten vorgeschwebt haben: 6. ... Lc5, 7. b4! Lb4:, 8. Se5: Se5:, 9. Da4† Sc6, 10. Lc6:† bc6:, 11. Db4: oder auch 6. ... Sf6, 7. b4 Sb4:, 8. Se5:.

Es gibt aber zu denken, daß Schwarz unter den ersten sechs Zügen nicht weniger als fünfmal mit seinen Bauern gezogen hat, — ein bischen viel für den Anfang.

7. e2–e3! Lf8–e7

Auf 7. ... de3: wäre wohl 8. Le3: Le7, 9. d4 die angemessene Entgegnung gewesen (8. fe3: Lc5).

8. e3×d4 e5×d4
9. Sb1–a3! ....

Sehr gut. Weiß droht nun mit der Aufstellung Sb5 und Lf4, so daß Schwarz sich genötigt sieht, den Springer sofort abzutauschen. Das jedoch hat andere Nachteile im Gefolge, nämlich Öffnung der b-Linie und Überlassung des Läuferpaares an den Gegner.

9. ... Le7×a3
10. b2×a3 Sg8–e7

Zu 10. ... Sf6 ist keine Zeit mehr, weil Schwarz nach 11. Te1† Le6, 12. Sg5 Dd7, 13. Lh3 Sd8, 14. De2 in der e-Linie unheilvoll gefesselt würde.

11. Ta1–b1 0–0
12. Tf1–e1 h7–h6

Nachdem der Königsspringer von Schwarz nicht auf f6, sondern auf e7 steht, entbehrt die Königsstellung ihres natürlichen Schutzes. Mit 12. ... h6 möchte er daher das Feld g5 für die weißen Figuren unzugänglich machen, außerdem soll nach späterem Lf5 diesem Läufer das Rückzugsfeld h7 gesichert werden. Darüber, daß der Zug h6 Opfergelüste des Gegners auf diesem Punkte begünstigt, hat sich natürlich auch Stahlberg keinen Täuschungen hingegeben. Wahrscheinlich war aber doch 12. . . . Tb8, 13. Sh4 Le6 (13. Sg5 Lf5) die bessere Zugfolge.

13. Tb1—b5! Ta8—a7

Warum der Turm sich ausgerechnet nach a7 verkriecht, statt von b8 aus den Punkt b7 zu decken und den Läufer c8 beweglich zu machen, ist eine Frage, auf die nicht einmal das delphische Orakel eine Antwort wüßte. Stahlberg selbst schüttelte nur schweigend mit dem Kopf.

14. Sf3—h4 Lc8—e6
15. Dd1—h5! Dd8—d7

Es gibt keine Verteidigung mehr. So gewänne auf 15. . . . Kh7, 16. Le4† Kg8, 17. Lh6:.

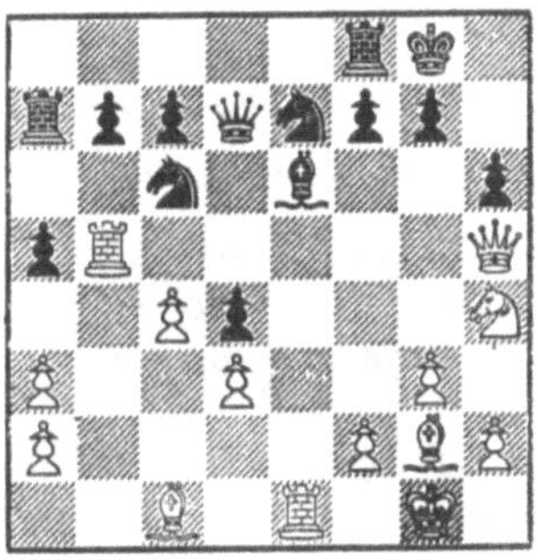

16. Lc1×h6! Le6—g4

Die Annahme des Opfers führt gleichfalls zur Niederlage: 16. . . . gh6:, 17. Dh6: f6, 18. Te6:! De6:, 19. Ld5 Sd5:, 20. Dg6† Kh8, 21. Td5: Dd5:, 22. cd5: Se5, 23. Dh6† Kg8, 24. f4 Sd7, 25. Dg6† Kh8, 26. Sf5.

17. Dh5—g5 Se7—g6
18. Sh4×g6 f7×g6
19. Dg5×g6 Aufgegeben,

denn nach 19. . . . Lf5, 20. Tf5: Tf5:, 21. Te8† Tf8, 22. Ld5† wird er matt; wobei uns nachträglich einfällt, daß diese Wendung nicht möglich gewesen wäre, wenn der Ta7 auf b8 stünde (vgl. 13. Zug).

PARTIE 68

Sieg der Bauernphalanx

Botwinnik—Tscherbatov

(UdSSR-Meisterschaft 1955)

1. c2—c4 Sg8—f6
2. Sb1—c3 g7—g6
3. g2—g3 Lf8—g7
4. Lf1—g2 0—0
5. e2—e4 d7—d6
6. Sg1—e2 e7—e5

Wie Schwarz sich zu diesem schwierigen und wenig analysierten Eröffnungsthema zu stellen hat, ist nicht leicht zu sagen. Die Erfahrung spricht dafür, daß Schwarz zunächst 6. . . . c5 spielt (7. d4 Sc6!) und den e-Bauern zurückhält. Nach 6. . . . e5 nämlich erhält das spätere f2—f4 des Gegners seinen besonderen Nachdruck.

7. 0—0 Sb8—d7

7. . . . Sc6 will uns besser gefalle (8. d4 ed4:, 9. Sd4: Se4:!).

8. d2—d3! . . . .

Weiß versagt sich im Zentrum, um ungestört auf dem Königsflügel angreifen zu können.

8. ... Sd7–c5

9. f2–f4! ....

Vgl. die Anmerkung zum 6. Zuge.

9. ... c7–c6

10. h2–h3 Sc5–e6

11. f4–f5 Se6–d4

12. g3–g4 ....

Die weiße Bauernphalanx ist zwar gefährlich, aber das ist noch kein Grund für Schwarz, die Ohren hängen zu lassen.

12. ... Sf6–e8

13. Lc1–e3 a7–a6

14. Dd1–d2 b7–b5

15. Le3–g5 Lg7–f6?

Der kritische Augenblick ist da, aber er findet Schwarz nicht auf der Höhe seiner Aufgabe. 15.... f6 mußte er ziehen, um dann nach 16. Le3 Se2:†, 17. Se2: mit 17.... g5 eine wenn auch beengte, so doch für lange Zeit feste Verteidigungsstellung einzunehmen.

16. Lg5×f6 Se8×f6

Auf 16.... Df6: wäre 17. g5 nebst f6 eine gute Fortsetzung gewesen, eine stärkere jedoch 17. fg6: Dg6:, 18. Sd4: ed4:, 19. Se2 c5, 20. e5 Ta7, 21. Sf4 Dh6, 22. Tae1 oder 17. fg6: Se2:†, 18. Se2: Dg6:, 19. Sg3 nebst Verdoppelung der Türme in der f-Linie, verbunden mit gelegentlichem Sh5.

17. Se2×d4 e5×d4

18. Sc3–e2 Dd8–b6

Anders ist d4 nicht zu decken (18.... c5, 19. e5!). Nun aber fällt die schwarze Dame für die Verteidigung auf dem Königsflügel aus.

19. c4×b5 a6×b5

20. Dd2–h6! Lc8–d7

21. g4–g5 Sf6–h5

Oder 21.... Se8, 22. Tf1–f4–h4.

22. Se2–f4 Sh5–g7

23. f5–f6!

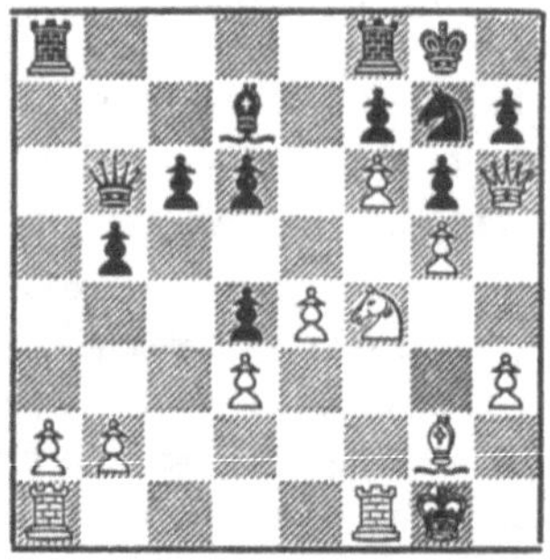

Schwarz gibt auf, denn auf 23.... Se8 beendet der hübsche Zug 24. Sd5! den Kampf (24.... cd5:, 25. Tf4 nebst Th4).

PARTIE 69

Großer Aufwand um nichts

Tapaszto—Kluger

(Budapest 1954)

1. g2–g3 Sg8–f6

2. Lf1–g2 g7–g6

3. Sg1–f3 Lf8–g7

4. 0–0 0–0

5. c2–c4 d7–d6

6. Sb1–c3 e7–e5

Auf Umwegen ist nun eine königsindischähnliche Eröffnung entstanden.

7. d2–d3 h7–h6

8. Ta1–b1 Sf6–h5

9. b2–b4 f7–f5

Droht e4 mit Figurengewinn. Wie Weiß in den folgenden Zügen seine ganzen Streitkräfte auf dem Damenflügel versammelt, um dann festzustellen, daß dort nichts, aber auch gar nichts zu gewinnen ist, mutet geradezu grotesk an. Inzwischen baut sich der Gegner durch einfache, aber kräftige Normalzüge eine furchtgebietende Angriffsstellung auf dem anderen Flügel auf.

10. Sf3–d2 Sb8–d7
11. Sd2–b3 Kg8–h7
12. Sb3–a5 c7–c6
13. Dd1–a4 ....

Droht — nichts. Da stehen sie nun, die weißen Mannen und glotzen den schwarzen Stacheligel an.

13. .... e5–e4!
14. Da4–a3 e4×d3
15. e2×d3 f5–f4!

Das erste Sturmzeichen.

16. Lg2–f3 ....

Auf 16. Se4 wäre 16. ... f3 gekommen, worauf der Läufer nach h1 zurück müßte (17. Lh3 Se5, 18. Lc8: Dc8:, 19. Kh1 Dh3, 20. Tg1 Sg4).

16. .... Sd7–e5!
17. Lf3×h5 g6×h5
18. Lc1×f4 ....

Oder 18. Se4 Sf3†, 19. Kg2 Dd7, 20. Kf3: Dg4†, 21. Kg2 Dh3†, 22. Kg1 f3.

(Siehe Diagramm)

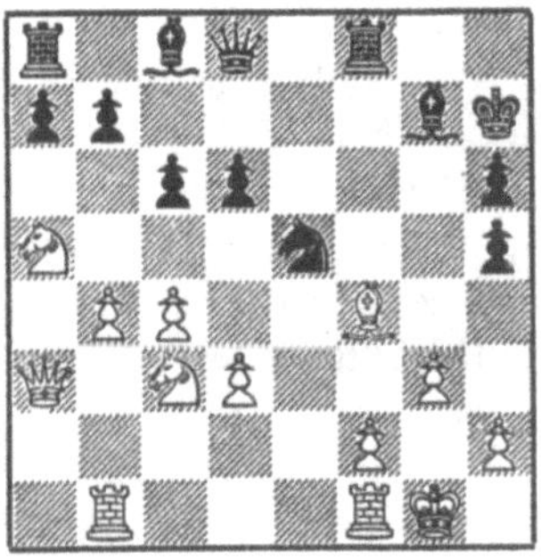

18. ... Tf8×f4!
19. g3×f4 Dd8–h4!
20. f2–f3 ....

Der einzige Zug. 20. fe5: Dg4†, 21. Kh1 Df3†, 22. Kg1 Lh3 führt zum Matt.

20. .... Dh4×f4
21. Tf1–f2 Se5×d3
22. Tf2–g2 Lg7–d4†

Weiß gab auf; nach 23. Kh1 Df3: wäre das Ende da.

PARTIE 70

Falsche Zentrumsstrategie

Polugajevskij—Tscherepkov

(Leningrad 1954)

1. Sg1–f3 c7–c5
2. c2–c4 Sg8–f6
3. g2–g3 e7–e6
4. Lf1–g2 Lf8–e7
5. 0–0 0–0
6. d2–d4 c5×d4
7. Sf3×d4 Sb8–c6

Empfehlenswerter ist es wahrscheinlich, die Entwicklung des Damenspringers noch hinauszuschieben und vorerst die Aufstellung d6, a6 und Dc7 einzunehmen.

8. Sb1–c3 d7–d5

Nach diesem stürmischen Stoß ins Zentrum gerät Schwarz sofort in eine ungünstige Lage. Immer noch hätte er sich mit dem sanftmütigen 8. ... Sd4:, 9. Dd4: d6 begnügen sollen.

9. Lc1—f4! Dd8—b6

Da 9. ... dc4: wegen 10. Sc6: nicht möglich ist, 9. ... Sh5 und 9. ... Ld7 den Bd5 kosten, ebenso 9. ... Ld6 wegen 10. Ld6: Dd6:, 11. Sdb5, weiß Schwarz schon nicht mehr so recht, was er überhaupt ziehen soll.

10. Lf4—e3! Db6×b2

Wenn er nicht unverrichteter Dinge und unter Zeitverlust nach d8 zurückkehren will, muß er sich schon auf das allzeit gefährliche Abenteuer Db2: einlassen.

11. c4×d5 e6×d5
12. Sc3×d5 Sf6×d5
13. Lg2×d5 ....

Der kranke Punkt im schwarzen Lager ist nun der Bb7. Um ihn nicht zu verlieren (13. ... Ld7, 14. Tb1), muß der Lc8 auf seinem Platze verharren. Die Folge davon ist, daß Schwarz in der Entwicklung zurückbleibt und die weitere Folge, ... Nun, wir werden die Kettenreaktion sehen.

13. .... Sc6—b4
14. Ta1—b1 Db2—a3
15. Sd4—c2! ....

Bemerkenswert ist die einfache Art, mit welcher Weiß seinen Vorteil ausnutzt.

15. .... Sb4×c2

15. ... Da5, 16. Sb4: Lb4: wäre wegen 17. Dd4! auch nicht ersprießlicher.

16. Dd1×c2 Da3—a5
17. Tf1—d1! ....

Der Bb7 läuft nicht weg. Wichtiger ist es, die letzte Figur an die Front zu holen.

17. .... Le7—f6
18. Le3—c5 Tf8—d8
19. Lc5—b4 Da5—a6
20. Dc2—c7 Td8—d7

21. Ld5×f7† Aufgegeben

(21. ... Tf7:, 22. Td8†!).

PARTIE 71

Tödliche Demaskierung

Szabo—Herinck

(Marienbad 1959)

1. Sg1—f3 d7—d5
2. g2—g3 Sb8—c6
3. d2—d4 Lc8—g4
4. Lf1—g2 e7—e6
5. 0—0 Dd8—d7
6. c2—c4 ....

Nach einigen barocken Anfangszügen ist jetzt eine Art „Katalanisches Damengambit“ entstanden.

6. .... d5×c4
7. Dd1—a4 0—0—0

Der Bauer d4 ist immun: 7. ... Lf3: 8. Lf3: Sd4: 9. Dd7:† Kd7: 10. Td1 usw.

8. Sb1—d2 Kc8—b8
9. Da4×c4 f7—f6

Auch jetzt noch wäre 9. ... Sd4: ein Fehlgriff, wegen 10. Se5 Se2:† 11. Kh1 und Schwarz büßt eine Figur ein.

10. Sd2—b3 Dd7—d5

Und ein letztes Mal Hand weg von Bauer d4! Nach 10. ... Lf3: 11. Lf3: Sd4 12. Sd4: Dd4: 13. De6 läge die Überlegenheit der weißen Stellung mit den beiden mächtigen Läufern offen zu Tage, z. B. 13. ... Dd6 14. De4 Da6 (14. ... Db6 15. Le3) 15. b4 Ld6 16. a4 usw.

11. Dc4—a4 Dd5—h5
12. Tf1—e1 ....

Den stolzen Läufer g2 will er sich natürlich erhalten (12. ... Lh3 13. Lh1).

12. .... Sg8—e7
13. Sb3—c5 Se7—d5
14. Da4—b5 Sd5—b6
15. Lc1—e3 Lf8×c5
16. d4×c5 Sb6—d5
17. Ta1—d1 ....

Mit 17. Sd4 böte Weiß dem Gegner Gelegenheit zu 17. ... Sd4: 18. Ld4: c6 und damit zu einer Festigung seiner Position.

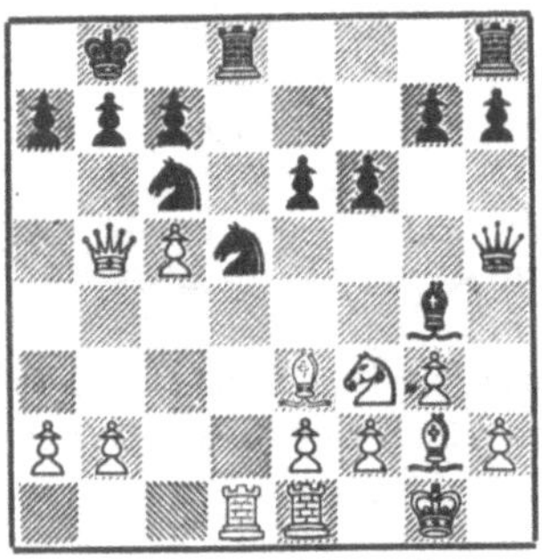

17. .... Sd5×e3

Dieser mit dem vorigen Zuge bebeabsichtigte und auch naheliegende Tausch findet eine erstaunliche Widerlegung. Da Schwarz aber in der Partie bisher nicht handgreiflich gesündigt hat, müßte sich eigentlich eine Verteidigung für ihn finden lassen. Und in der Tat, es gibt eine solche, nämlich 17. ... a6! 18. Db3 Sa5 19. Dd3 Lf5 20. Dd4 Sc6 21. Dd2 Sf4 und Schwarz steht befriedigend, da er im nächsten Zuge den listig lauernden Läufer g2 beseitigen wird.

18. Sf3—d4!! ....

Mit diesem einen Kraftzug wird die schwarze Stellung in Trümmer gelegt.

Varianten:

a) 18. ... Td4: 19. Lc6: b6 20. Da6;
b) 18. ... Sg2: 19. Sc6:† Ka8 20. Sd8: oder 19. ... Kc8 20. Sa7:† Kb8 21. c6 b6 22. Da6;
c) 18. ... Ka8 19. Lc6: Tb8 (19. ... bc6: 20. Dc6:† Kb8 21. fe3:) 20. fe3: bc6: 21. Dc6:† Tb7 22. Sb5 Tc8 23. Sc7:†!

Hauptakteur bei dieser Vernichtungsschlacht ist der Läufer g2.

18. .... Kb8—c8
19. Lg2×c6 b7×c6
20. Db5—a6† Kc8—d7
21. Da6×c6† Kd7—c8
22. Sd4—b5 Schwarz gab auf.

PARTIE 72

Ein Kind ohne Namen

Crisovan—Bürgi

(Zürich 1962)

1. g2—g3 g7—g6
2. Lf1—g2 Lf8—g7

3. e2—e4 Sb8—c6
4. Sg1—e2 e7—e5

Eine originelle Eröffnung, die in keinem Lexikon verzeichnet steht. Die Taufe steht noch aus.

5. c2—c3 Dd8—e7
6. 0—0 h7—h5

Er täumt von der Öffnung der h-Linie, wäre aber doch wohl besser beraten gewesen, wenn er zuvor etwas für seine Entwicklung getan hätte, z. B. 6. . . . d6.

7. b2—b4 . . . .

Auf einen Schelmen anderthalbe! Was Schwarz in der h-Linie kann, kann Weiß in der b-Linie schon lange.

7. . . . . h5—h4
8. b4—b5 h4×g3

Weiter im gleichen Stile. Ob das Figurenopfer auf c6 richtig ist oder falsch, spielt keine Rolle.

9. h2×g3 . . . .

Auch so bleibt das Gesetz des Handelns bei Weiß.

9. . . . . Sc6—d8
10. d2—d4 Sd8—e6
11. d4—d5 Se6—g5

Käme Schwarz jetzt noch zu d6, stünde er vielleicht nicht einmal übel. Indessen . . . .

12. d5—d6! . . . .

Entscheidender Einbruch in die feindliche Stellung.

12. . . . . c7×d6
13. Lc1×g5 De7×g5
14. Dd1×d6 Dg5—h5

Droht Matt in einem Zuge. Doch dies sehen und parieren ist eins; die offene h-Linie erweist sich als vollkommen harmlos. Widerstand leisten ließ sich noch mit 14. . . . De7, worauf Weiß mit 15. Dd3 fortzufahren beabsichtigte (15. . . . d6 16. Td1).

15. Tf1—e1 Lg7—f8
16. Dd6—c7 Sg8—f6
17. Sb1—d2 d7—d6

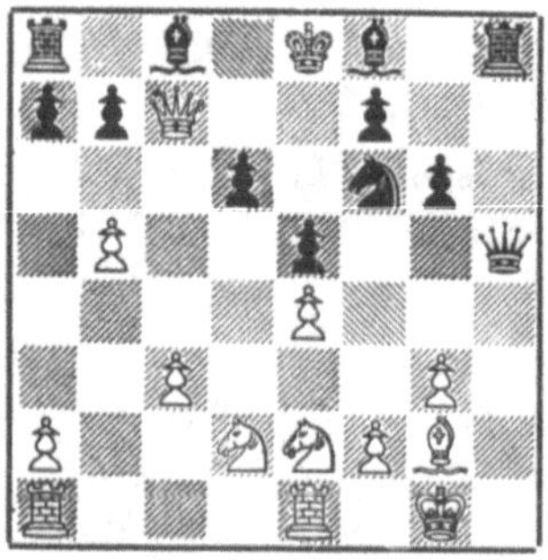

18. Se2—f4! . . . .

Sehr schön! Schwarz darf nicht ablehnen, denn nach etwa 18. . . . Dh2† 19. Kf1 g5 20. Sf3 Dh6 21. Se5:! de5: 22. De5:† Le7 23. Sd5! Sd5: 24. ed5: geriete er völlig unter die Räder. Freilich in der Partie auch.

18. . . . . e5×f4
19. e4—e5 f4×g3

Diesen Schlagfall haben wir im 8. Zuge schon einmal erlebt. Er ist hier so erfolglos wie damals.

20. e5×f6† Lc8—e6
21. Te1×e6† f7×e6
22. f6—f7† Matt.

PARTIE 73

Verunglückte Partieanlage

Petrosjan—Kortschnoj

(Curacao 1962)

1.	c2—c4	c7—c5
2.	Sg1—f3	Sg8—f6
3.	d2—d4	c5×d4
4.	Sf3×d4	g7—g6
5.	Sb1—c3	d7—d5!
6.	Lc1—g5	....

Es ist bekannt, daß Weiß mit 6. cd5: Sd5: 7. Sdb5 Sc3: 8. Dd8† Kd8: 9. Sc3: Sc6 keinen Eröffnungsvorteil erreicht. Der Textzug droht Bauerngewinn durch Lf6: nebst Sd5:. Begegnet Schwarz dieser Drohung mit 6. ... Lg7, so verschafft Weiß sich mit 7. Lf6: Lf6: 8. Sd5: Da5† 9. b4 gefolgt von Sf6:† Vorteil.

6.	....	d5×c4
7.	e2—e3	Dd8—a5

Es ist schwer zu verstehen, warum Schwarz hier auf den gesunden Normalzug 7. ... Lg7 verzichtet. Nach dem Damenzug, der den Lg5 angreift, tauscht Weiß jetzt selbstredend auf f6.

8.	Lg5×f6	e7×f6
9.	Lf1×c4	Lf8—b4

Das war die Absicht, als er 7. ... Da5 zog. Doch verdiente die Läuferentwicklung nach g7 zweifellos den Vorzug.

10.	Ta1—c1	a7—a6
11.	0—0	Sb8—d7

Die schwarze Stellung ist bereits unbequem geworden. So wäre auf 11. ... 0—0 12. Sd5 gefolgt. Immerhin wäre diese Fortsetzung das kleinere Übel gewesen.

12.	a2—a3	Lb4—e7

Ein Eingeständnis, wenn man auf den 9. Zug zurückblickt. Aber er möchte und muß sich auch den schwarzfeldrigen Läufer als Verteidigungsfigur erhalten.

13.	b2—b4!	Da5—e5

Am a-Bauern darf sich bei Strafe des Damenverlustes nicht vergreifen: 13. ... Da3: 14. Sd5 Lb4: 15. Ta1 Db2 16. Ta2.

14.	f2—f4!	....

Erneutes Opferangebot. Die Pointe besteht darin, daß nach 14. ... De3:† 15. Kh1 Damenfang durch Tf3 droht und daß es dagegen keine vernünftige Abwehr gibt; z. B. 15. ... Sb6 16. Tf3 Lg4 17. Te3: Ld1: 18. Sd1:, mit Figurengewinn.

14.	....	De5—b8

Auf d6 stand die Dame eine Kleinigkeit besser (14. ... Dd6 15. Se4 Db6).

15.	Lc4×f7†	....

Dieses schöne Läuferopfer deckt schlagartig die Schwäche der schwarzen Stellung auf.

15.	....	Ke8×f7
16.	Dd1—b3†	Kf7—e8

Oder 16. . . . Kg7 17. Se6† Kh6 18. Tf3.

17. Sc3—d5 Le7—d6

18. Sd4—e6 . . . .

Die weißen Rosse toben fürchterlich.

18. . . . . b7—b5

19. Sd5—c7† Ke8—e7

20. Se6—d4 Ke7—f8

21. Sc7 × a8

Schwarz kapitulierte, denn auf 21. . . . Da8: folgt

Da8: folgt 22. De6 Le7 23. Sc6 oder 22. . . . Db8 23. Sc6 Dc7 24. Se5.

PARTIE 74

Fern vom Alltag

Rankis—Bakos

(New York 1958)

1. b2—b4 d7—d5

2. Lc1—b2 f7—f6

3. e2—e4 d5 × e4

4. Lf1—c4 Sg8—h6

Vorbilder hierzu sind völlig unbekannt. Eben deswegen ist diese Partie hochwillkommen. Gewiß, der „Theorie“ im Schach ihr Recht, — aber wer möchte ihr nicht gern auch einmal hell ins Gesicht gelacht haben.

5. Dd1—h5† g7—g6

6. Dh5—h4 Sh6—f5

7. Dh4 × e4 Sf5—d6

Das war die Absicht, der gefährlichere der weißen Läufer sollte abgetauscht werden.

8. De4—e2 Sd6 × c4

9. Lb2 × f6 . . . .

Fein gesponnen, aber doch nicht fein genug. Weiß wird mit 9. . . . Lg7 10. Lg7: Tg8 11. Lh6 gerechnet haben, wonach er in der Tat trefflich gestanden hätte.

9. . . . . Th8—g8

Eine prächtige Parade, die den Gegner nicht wenig verblüfft haben mag.

10. De2 × c4 e7 × f6

11. Dc4 × g8 . . . .

11. . . . . Dd8—e7†

Ein peinliches Schach! Antwortet Weiß, 12. Se2, so ginge nach 12. . . . Le6 13. Dh8 Sc6 14. Sc3 0—0—0 nebst Lh6 die weiße Dame verloren; antwortet er aber 12. Kd1, so geriete er nach 12. . . . Le6 13. Dh8 Sc6 14. Sf3 0—0—0 in einen lebensgefährlichen Angriff, ähnlich wie in der Partie.

12. Ke1—f1 Lc8—e6

13. Dg8—h8 Sb8—c6

14. Sb1—c3 0—0—0

Droht Lh6. Weiß hat daher nur den folgenden Zug, der ihm die Rückgabe der Qualität gestattet und damit die sofortige Katastrophe abwendet.

15. Ta1—e1 Lf8—h6

16. Te1 × e6 De7 × e6

17. Dh8 × h7 Lh6 × d2

18. Sc3—e2 . . . .

Oder 18. Sge2 Lc3: 19. Sc3: Dc4†. Was folgt, ist grausam.

18. .... Ld2×b4
19. g2—g3 De6—e4
20. f2—f3 De4×c2

und Schwarz beugte sich nach 21. h4 Lc5 22. h5 Td1† 23. Kg2 Tg1:† 24. Tg1: De2:† seinem Schicksal.

PARTIE 75

Angelpunkt h4

Kremer—Brinckmann

(Fernpartie, 1961)

1. f2—f4 e7—e5
2. f4×e5 d7—d6
3. e5×d6 Lf8×d6
4. Sg1—f3 Sg8—f6

Vielleicht die beste Fortsetzung, jedenfalls die solideste. Zu unübersehbaren Verwicklungen führt das verwegene 4. ... g7—g5.

5. g2—g3 ....

Die Alternative besteht in 5. d4 Se4 6. Sc3 Lf5 7. Se4: Le4: 8. e3 0—0, wonach Schwarz für den geopferten Bauern ein gewisses positionelles Übergewicht hätte (Punkt e4, e-Linie).

Der Zug g3 gibt dem Nachziehenden Gelegenheit zu einer Aufrollungsaktion, die zur Demolierung des weißen Königsflügels führt.

5. .... h7—h5!
6. d2—d4 h5—h4
7. g3×h4 ....

Falls 7. Sh4:, so 7. ... Se4, mit der tödlichen Drohung Th4:!, wogegen auch 8. Sf3 keinen Schutz gewährte, wegen 8. ... Th2:!

7. .... Sf6—e4

Droht Th4:!

8. Dd1—d3 ....

Pariert die Drohung, denn nach 8. ... Th4: 9. Lg5 Sg5: 10. Sh4: hätte Schwarz ohne Gegenwert die Qualität weniger.

8. .... Lc8—f5
9. Lf1—h3! Lf5—g6

Mit 9. ... Dd7 wären wegen 10. Lf5: Df5: 11. Sc3 keine Lorbeeren zu ernten, noch weniger mit 9. ... Lh3: 10. De4:†.

10. Dd3—b5† Sb8—c6
11. Lh3—f5 ....

Weiß verfolgt mit Hartnäckigkeit sein Ziel, durch Abtausch die gegnerischen Angriffschancen zu verringern. Zu einem Kurzschluß wäre es nach 11. Db7: gekommen: 11. ... Sd4: 12. Sd4: Dh4:† 13. Kd1 Sf2† usw.

11. .... Lg6×f5
12. Db5×f5 Th8×h4
13. Th1—g1 ....

Der Th4 ist tabu, wie die Variante 13. Sh4: Dh4:† 14. Kf1 Sg3† 15. hg3: Dh1:† 16. Kf2 Dc1: beweist.

13. .... g7—g6!

14. Lc1—g5 ....

Der kritische Punkt der Partie. Der Versuch 14. Tg6: scheitert an 14. ... Se7! Ebenso war das Unheil mit 14. Db5 nicht mehr aufzuhalten: 14. ... a6 15. Db7: Sa5 16. Dd5 Lb4† nebst Dd5:. Wenn jedoch 15. Db3, dann 15. ... Th2: 16. Sh2: Dh4† 17. Kd1 Dh2:, mit Gewinnstellung.

14. .... Se4×g5
15. Df5×g5 Ld6—e7

Schwarz steht drohend und denkt nicht an Damentausch, sondern sinnt auf Mattangriff.

16. Dg5—d2 Sc6×d4!
17. Tg1—g2 ....

Wiederum ist Th4 nicht zu nehmen, wegen 17. Sh4: Lh4:† 18. Kd1 0—0—0. Auch wäre nach 17. Sd4: Td4: 18. Dc1 Lh4† die weiße Stellung kapitulationsreif.

17. .... Th4—e4
18. Dd2—d3 Sd4×f3†
19. Dd3×f3 Le7—h4†
20. Tg2—g3 Dd8—d4
21. Sb1—d2 Te4—f4
22. Df3—g2 ....

22. Db7: Dg1†.

22. .... 0—0—0
23. 0—0—0 Lh4×g3
24. Dg2×g3 Dd4×d2†!

und Matt im nächsten Zuge.

PARTIE 76

Prädikat: Wertvoll

Gassanow—Arakelow

(Azerbaidjan 1960)

1. e2—e4 d7—d6
2. d2—d4 Sg8—f6
3. Sb1—c3 g7—g6
4. Lc1—g5 Lf8—g7
5. Dd1—d2 0—0

Der jugoslawische Großmeister Pirc, Vater und Künder dieser Eröffnung, hält 5. ... c6 für die stärkste Fortsetzung und versieht den Textzug mit einem Fragezeichen, unter Berufung auf die Variante 6.o—o—o cb 7. f3 b5 8. g4 (also beiderseitiger Königsangriff) 8. ... b4 9. Sce2 Da5 10. Kb1 Le6 11. Sc1 (gerade rechtzeitig!) 11. ... Sbd7 12. h4, mit in der Tat besseren Angriffsaussichten für Weiß.

6. 0—0—0 a7—a6
7. f2—f3 b7—b5
8. g2—g4 Sb8—d7
9. e4—e5 ....

Dies ist zwar noch kein Fehler, verpflichtet aber doch allzusehr. Analog der Variante in der Anmerkung zum 5. Zuge war 9. h4 die gebotene Fortsetzung. Auch dann wäre die Kraft des weißen Spiels größer als die des Gegners gewesen.

9. .... b5—b4!
10. Sc3—e4 ....

Die Alternative 10. ef6: bc3: 11. Dc3: Sf6: hätte zu der für Schwarz günstigen Öffnung der b-Linie geführt und die Stellung des fernhin treffenden Läufers g7 verstärkt.

10. .... Sf6×e4
11. f3×e4 Lc8—b7

Den Bauern e5 zu schlagen, war gefährlich, da nach 11. ... de5: 12. de5: Le5: 13. Lh6 Lg7 14. h4 sich auf dem schwarzen Königsflügel rasch ein vernichtendes Gewitter zusammenbrauen würde.

12. e5×d6 c7×d6
13. Lf1—g2 a6—a5
14. h2—h4 Dd8—c7!
15. Lg5—h6 ....

Weiß ahnt nichts von der Gefahr. Sonst hätte er zu der in solchen Stellungen allzeit bewährten Prophylaxe 15. Kb1 gegriffen und sich dann wegen der Drohung h4—h5 immer noch einer chancenreichen Stellung erfreut.

15. .... b4—b3!
16. a2×b3 ....

Erzwungen. Falls nämlich 16. Lg7:, so holt Schwarz sich mit 16. ... ba2: eine neue Dame, und falls 16. a3, so 16. ... Lh6: 17. Dh6: Dc2: matt. Wenn schließlich 16. Kb1, dann 16. ... bc2:† mit Figurengewinn.

16. .... a5—a4!
17. Kc1—b1 a4×b3
18. c2×b3 Lg7×h6
19. Dd2×h6 Ta6—a1†!

Die prächtige Schlußpointe des mit 15. ... b3 eingeleiteten Überfalls. Nach 20. Ka1: Dc2! ist das Matt unabwendbar.

PARTIE 77

Fröhlicher Ausklang

Herr X—Kurt Richter

(Berlin 1952)

1. d2—d4 e7—e5
2. d4×e5 Sb8—c6
3. Sg1—f3 f7—f6
4. e5×f6 Sg8×f6
5. Sb1—c3 Lf8—c5
6. Lc1—g5 Sf6—g4

Richter wollte nur Remis; er nahm an, daß der Gegner sich damit zufrieden geben würde, also 6. Ld8: Lf2:† 7. Kd2 Le3† 8. Ke1 Lf2† usw.

7. Lg5×d8 Lc5×f2†
8. Ke1—d2 Lf2—e3†
9. Ke2—d3 ....

Weiß hingegen, ergrimmt ob der ihm mit dem Damenopfer zugefügten Schmach, marschiert mit seinem König mutig mitten aufs Brett.

9. .... d7—d5

Droht Matt durch Sb4.

10. Sc3×d5 Lc8—f5†
11. Kd3—c3 Ta8×d8
12. Sd5×c7† Ke8—e7
13 Sc7—d5† Ke7—e6

Beide Majestäten stürzen sich wie weiland die homerischen Helden vor die Front ihrer Heerscharen.

14. Sf3—g5† ....

Um endlich den Königsflügel entwickeln zu können.

14. .... Le3×g5
15. e2—e4 Ke6—e5

Sollte man so etwas für möglich halten?

16. e4×f5 Sg4—f2
17. Dd1—e1† Sf2—e4†
18. Kc3—b3 ....

Wie so oft schon hat Richter auch diesmal wieder seinen Gegner völlig hypnotisiert. Sonst hätte sich dieser den Gegenzug 18. De4:† Ke4: 19. Lc4 nicht entgehen lassen (19. ... Td5: 20. Tae1†).

18. .... Sc6—d4+
19. Kb3—c4 b7—b5+
20. Kc4—b4 a7—a5†

Kleinigkeiten wie 20. ... Sc2† existieren für Schwarz nur noch am Rande.

21. Kb4×a5 Td8—a8†
22. Ka5—b6 Th8—b8†
23. Kb6—c7 Lg5—d8†
24. Kc7—d7 Ta8—a7†
25. Kd7—e8 Ld8—f6† matt

Ein Bild für die Götter! Die Partie erhebt nicht den Anspruch, in Steinen gemeißelt der Nachwelt überliefert zu werden, aber sie ist dazu angetan, ein befreiendes Lachen in uns zu lösen Und ist das etwa kein Verdienst?

Die Frage nach dem Wesen der russischen Schachschule stellt sich uns mit jedem Tag neu, weil ihre Beantwortung uns darüber aufklären kann oder könnte, worauf die außerordentlichen Erfolge der russischen Meister zurückzuführen sind. Weltmeister Botwinnik hat dazu einmal in grundsätzlichen Ausführungen Stellung genommen, und es mag daher angebracht sein, ihrer an diesem Orte zu gedenken.

Den Kern seiner Gedankengänge bildet die Gegenüberstellung der beiden großen Antipoden des ausgehenden 19. Jahrhunderts: Tschigorin und Steinitz. Eine Auseinandersetzung mit diesen beiden Geistern ist ebenso reizvoll wie notwendig, wollen wir den geistesgeschichtlichen Ort begreifen, den wir heute im Schach einnehmen.

Als Steinitz im Jahre 1900 starb, charakterisierte ein Meister ihn wie folgt: „Auf die brillante romantische Periode der opfermutigen, kühnen Angriffsspieler folgte die wissenschaftliche, nüchterne, mathematische Methode von Steinitz, die in ihrem Grunde defensiver Natur war, nichts wagte, was nicht vorher scharf durchgerechnet, genau bewiesen war. Steinitz' Positionsgefühl war vor allem um die Sicherung und Festigung der eigenen Stellung besorgt. Er spielte immer zuerst auf Position, es lag in seiner Spielweise, sich niemals unbedacht hervorzuwagen. Er verkroch sich in sich selbst. Die Aufstellung vor dem ersten Zuge schien ihm die gesichertste von allen."

So sahen ihn die Zeitgenossen und so sehen auch wir und so sieht Botwinnik ihn. Steinitz ist der Begründer des Positionsspiels, des Spiels nach Prinzipien. Er schuf ein Begriffssystem, das uns heute zwar geläufig ist, damals aber etwas völlig Neues war: Zentrum, Läuferpaar, Bauernmajorität auf dem Damenflügel, Minderheitsangriff, offene Linien, vereinzelte und rückständige Bauern und anderes. Mit diesem Begriffssystem glaubte er die schachliche Wirklichkeit erfaßt zu haben. Und wie er, so sein Schüler Tarrasch. Von diesem letzteren meint Botwinnik, er sei nicht weniger dogmatisch gewesen als sein Lehrherr. Sein Spiel wirke oft — wie auch das anderer Meister jener Epoche — monoton und gar zu gescheit. Beide, besonders aber Tarrasch, hätten sich durch eine außerordentliche Eigenliebe ausgezeichnet. Dieser pflegte mit Geringschätzung von den Meistern zu sprechen, die sich nicht an die von ihm verkündeten Regeln hielten, ungeachtet der alten Weisheit, daß „allgemeine Begriffe und großer Dünkel" immer auf dem Wege sind, entsetzliches Unheil anzurichten (Goethe).

In diesem Zusammenhange nun trifft Botwinnik auf eine fundamentale Feststellung, die in der Tat bisher viel zu wenig beachtet worden ist, daß es nämlich verschiedene Arten von Positionen gibt, einfache und komplizierte. Steinitz und nach ihm Tarrasch hätten übersehen, daß ihre Prinzipien nur für bestimmte Stellungen gelten, nicht aber für sehr viele komplizierte. Diese von Steinitz begründete und von Tarrasch fortgeführte dogmatische Schule hatte ihre große Zeit etwa in den Jahren 1880—1910. Aber sie ergriff damals keineswegs alle Meister. Zwei große Gegenspieler erhoben sich gegen den Dogmatismus, Tschigorin und Lasker, obwohl dieser letztere ursprünglich aus dem Steinitz-Lager kam.

Für Botwinnik ist Tschigorin der eigentliche Widersacher und er hat insofern Recht, als Tschigorin früher auf dem Plan erschien. Er hat seine Anschauungen in einer Antwort auf eine Steinitzsche Veröffentlichung niedergelegt: „Da ich mich an keine Schule gebunden fühle, lasse ich mich nicht durch Theorien leiten und ablenken, sondern suche die jeweilige Position durch eine genaue Analyse zu ergründen. Jeder meiner Züge ist die Folge einer wohlerwogenen Analyse der verschiedenen Möglichkeiten, wobei die ‚theoretischen Prinzipien' eine sehr beschränkte Bedeutung haben." Und an anderer Stelle: „Die Fähigkeit, sich durch künstliche Kombinationen jeden Augenblick zurechtzufinden, in der schwierigsten Lage den richtigen Zug zu machen, der am schnellsten den eigenen Plan weiterführt, ist mehr wert und steht höher als alle Prinzipien oder, besser gesagt, ist das einzige Prinzip im Schachspiel." Weiter: „Steinitz stellt fest, daß die schöpferischen Kombinationen nicht zuverlässig sind und er ersetzt sie durch abstrakte Erwägungen. Muß man mit Steinitz einverstanden sein? Soll man nicht umgekehrt glauben, daß seine vorgefaßte Meinung das Schachspiel entwerte?" Es ist dasselbe, was Lasker später in seinem „Common Sense im Chess" sagte: „Die Wirklichkeit im Schach wird erschlossen durch Analyse, die eindringende, einen Tatbestand kritisch erwägende und zuletzt streng erweisende. Diese Stellung ist unentschieden, in jener hat Weiß Vorteil, dieses Endspiel ist gewonnen, jenes Opfer ist ungesund: solche Fakten sind für den common sense richtungweisend. Aus ihrer intimen Verarbeitung erwächst gesundes Stellungsgefühl." Lasker hat mehr als einmal an Tarrasch getadelt, daß er der Schachpartie allzu oft und allzusehr mit allgemeinen Begriffen beizukommen suche und „ein großes Gebäude auf unsicherem Fundamente errichte". Wie bei Tschigorin also auch hier der Vorwurf der Dogmatisierung. In diese Linie fällt auch die von mir schon vor Jahr und Tag gegebene Definition des Schachspiels als einem System von dynamischen Kräften mit wechselnden Dominanten.

Hierin ist auch der Kern der Botwinnikschen Spielauffassung zu sehen. „Viele Merkmale seiner schöpferischen Arbeit", so lesen wir in „Die Schachkunst in der UdSSR", „sind mit denen Tschigorins verwandt: der Reichtum an Ideen, die Tiefgründigkeit und Originalität seiner Pläne, die Energie und der Mut zu ihrer Ausführung usw. Das Streben nach dem Remis ist ihm fremd. Sein Spiel ist immer aktiv. Botwinnik versteht solche Positionen zu schaffen, zu deren Lösung der Kampf der Ideen, scharfe Kombinationen und entscheidende Schläge notwendig sind. In unserer Zeit ist das Talent allein noch nicht genügend, um hervorragende Leistungen zu erzielen, wie es früher einmal der Fall war. Das Wissen, die planmäßige Arbeit an einer Sache — das bringt die gewünschten Erfolge. Es ist selbstverständlich, daß ein Schachmeister sein Spiel nicht ohne Risiko aufbauen kann; aber dieses Risiko ist bei Botwinnik immer tief verschleiert". Gerühmt wird auch seine wissenschaftliche Arbeit im Schach. Er hat u. a. zahlreiche Eröffnungen mit neuen Gedanken bereichert und wertvolle Untersuchungen in bezug auf den Übergang von der Eröffnung ins Mittelspiel angestellt. So verstanden hat es seinen guten Grund, Botwinnik als „Eröffnung plus Lasker" zu charakterisieren.

Selbstverständlich verkennen weder Tschigorin, noch Lasker, noch Botwinnik den Wert und die Bedeutung der Steinitzschen Erkenntnisse. Nur ihre alleinige

Gültigkeit und daß sie des Rätsels letzte Lösung seien, leugnen sie. So wie Steinitz und Tarrasch die Romantiker von einst überwanden und das Schach eine Stufe weiter hinaufführten, so stellt die Synthese zwischen der logisch-mathematischen Auffassung und der intuitiv-schöpferischen, wie sie heute für uns Gültigkeit hat, einen weiteren Fortschritt dar. Der große Schachmeister kann mehr als das, was sogenannte „Gesetze" verlangen. Deren wohlverstandene Anwendung mag dem Talent wohl anstehen, dem Genie genügt sie nicht. Meister wie Lasker, Aljechin und gewiß auch Botwinnik werden sich auch da, wo sie die Theorie zurate ziehen und sich an ihr bilden, die spöttisch-überlegene Einsicht erhalten haben und erhalten, wie unendlich weit Denken und Handeln voneinander entfernt sind.

Schachbücher von Walter de Gruyter & Co. Berlin 30

Kursives

von

Kurt Richter

Auf dem Wege zur Weltmeisterschaft (1923—1927) A. ALJECHIN (ALEKHINE)

2. Auflage. Oktav. Mit 100 Partien und 173 Diagrammen. VIII, 226 Seiten. 1955. Kartoniert DM 9,80

„Auf dem Wege zur Weltmeisterschaft ist in besonderem Maße bezeichnend für das Schaffen Aljechins überhaupt. Das Buch liest sich beinahe romanhaft." Schweizerische Schachzeitung

Studieren Sie die psychologische Kriegführung im Kampf der Schachgrößen. Erfreuen Sie sich an der kristallklaren Glossierungskunst Aljechins, wie sie ganz besonders in seinen klassisch gewordenen Turnierbüchern New York 1924 und 1927 zur Geltung kommt. Diese Bücher sind ein Genuß und vor allem: ein Gewinn für die eigene Spielstärke.

Von Wunderkindern

Das war Klaus Junge BUDRICH-SCHULTE

Partien und Aufzeichnungen. Gewidmet den jugendlichen Schachspielern in aller Welt. Oktav. 97 Seiten. 1956. Kartoniert DM 8,80

Fast so wie Tal in der UdSSR und Fischer in USA ging im Kriege in Hamburg ein Stern auf, eben Klaus Junge, der in unwahrscheinlich kurzer Zeit bis zur höchsten Spitze emporstieg und dem selbst Aljechin Weltmeisteraussichten zusprach. Da aber setzte der unerbittliche Krieg seiner steilansteigenden Laufbahn ein jähes Ende, — eine der größten Schachhoffnungen, die Deutschland je besaß!

„Ein Erinnerungsbuch zum Gedächtnis des begabtesten deutschen Jungmeisters, der am 27. April 1945 mit 21 Jahren fiel. Das Buch eignet sich vor allem für unsere Jugend zu Geschenkzwecken."
Schachecho

Meine Schachkarriere S. RESHEVSKY

Mit 80 ausgewählten Partien. Oktav. 210 Seiten. 1957. Kartoniert DM 12,80

Reshevkys Partien haben einen eigenartigen, faszinierenden Stil. Dazu kommen seine treffenden und aufschlußreichen Bemerkungen über das Drum und Dran der Schachturniere, so daß den eifrigen Leser ein harmonisches Ganzes entzückt.

Ein Ritter auf dem Schachbrett war Dr. Tartakower. Geistreiche Einfälle auf dem Schachbrett und glitzernde Wortspiele in der Partieglossierung zeigen ihn als Meister des Degens und der Feder. Sein Buch ist ein ungetrübter Freudenquell.

Tartakowers Glanzpartien 1905—1930

Eine Auswahl seiner besten Schachpartien aus den Jahren 1905 bis 1930, von ihm selbst erläutert; zugleich ein unsystematisches Lehrbuch der Eröffnungsspiele und der allgemeinen Strategie. Oktav. 227 Seiten. 1956. Kartoniert DM 12,—

„In der vorliegenden Neuerscheinung findet sich eine Auswahl der besten Schachpartien des bekannten Meisters, das gleichzeitig ein Lehrbuch der Eröffnungstheorie, der Endspiele und allgemeinen Strategie genannt werden könnte." Union-Post

A. Brinckmann

Großmeister Bogoljubow

Oktav. Mit zahlreichen Abbildungen und Stellungsbildern. 107 Seiten. 1953. Kartoniert DM 5,50

Am 18. Juni 1952 starb in Triberg, 62 Jahre alt, Großmeister E. D. Bogoljubow. Was wissen Sie von ihm, seiner Laufbahn und seinem Stil? Die ältesten Schachfreunde haben den jovialen, allseits beliebten Meister noch in Erinnerung; sein „Bravo, Bravo! — Auch verkehrt!" nahm ihm keiner übel, wenn einmal von seinen Schülern ein falscher Zug vorgeschlagen wurde.

und Großmeistern

Vorbildern soll man nachstreben. Es lohnt sich, die großen Meister der Vergangenheit zu studieren, ihre Leistungen zu bewundern, ihre Partien nachzuspielen. Solch ein Blick in die Vergangenheit ist auch zugleich ein Schritt in die Zukunft; ein Schritt vorwärts in der eigenen Spielauffassung, in der Erweiterung des Horizonts und im Verständnis der strategischen Elemente des Schachspiels.

A. Brinckmann

Siegbert Tarrasch
Lehrmeister des Schachspiels

Ein Beitrag zur Ideengeschichte des Schachs. Oktav. XX, 204 Seiten. Mit 214 Diagrammen. 1963. Kartoniert DM 16,—

Partien und Endspiele des Meisters, in denen seine Lehren lebendig zum Ausdruck kommen.

Der beste Zug

sagte einmal ein Schachspieler, nachdem ihm Caissa nicht hold war, ist ein Zug aus dem Bierglas.

Der beste Zug, sagen wir aber, ist der letzte Zug, denn er gewinnt entweder oder aber er macht Remis (die seltenen Fälle ausgenommen, in denen ein Spieler zieht und gleichzeitig aufgibt, so daß sein Partner zu keinem letzten Zuge mehr kommt).

Wie aber macht man es im Schach, den „letzten Zug“ zu haben? Indem man nicht nur die Partien, sondern auch die Bücher der großen Meister studiert und sich ihre Lehren zu Herzen nimmt.

RICHTER-STAUDTE

Richtig — falsch

Praktische Endspielkunde

Mit 127 Diagrammen. Oktav. VIII, 77 Seiten. 1962. Kartoniert DM 5,—

Die richtige und falsche Behandlung der Endspiele wird analytisch klargelegt und der Schachfreund so zur eigenen Urteilsbildung angeregt. Der didaktische Gedanke stand bei der Auswahl der Beispiele im Vordergrund; die Einteilung in systematische Kapitel erleichtert das Studium: Warnungstafeln · Übergänge · Freibauern · Bauernspiele · Mattideen · Pattgedanken · Leichtfiguren Schwerfiguren · Taktisches · Technisches · Kunterbuntes · Kleines Repetitorium · Lösungen der Aufgaben · Namensverzeichnis

RICHTER-TESCHNER

Schacheröffnungen

(Der kleine Bilguer)

Theorie und Praxis. 3., nach dem neuesten Stand der Theorie verbesserte Auflage. Oktav. Mit mehr als 100 ausgewählten Partien. III, 230 Seiten. 1961. Kartoniert DM 10,80

Die beiden Berliner Meister haben alle im Schach möglichen Eröffnungen einer gründlichen Durchsicht unterzogen und die Quintessenz der modernen Forschung dem Amateur zugänglich gemacht. Perlen der Turnierpraxis illustrieren gewissermaßen den theoretischen Stoff.
Welche Fallstricke schon in den ersten Zügen verborgen liegen, zeigt Snosko-Borowsky in seinem Bestseller:

SNOSKO-BOROWSKY

Eröffnungsfallen am Schachbrett

5., verbesserte und ergänzte Auflage. Neubearbeitet von Rudolf Teschner. Oktav. Mit 234 Beispielen und 100 Diagrammen. 128 Seiten. 1961. DM 7,20

„Die Tatsache, daß dieses Werk ein Bestseller unter den Schachbüchern ist, daß schon nach $2^1/_2$ Jahren eine Neuauflage notwendig wurde, spricht für sich.“ Schachecho

K. RICHTER

Der Schachpraktiker

Ein Wegweiser für Lernende. 4., verbesserte Auflage. Oktav. Mit zahlreichen Stellungsbildern. 87 Seiten. 1959. Kartoniert DM 4,80

„Das Buch ist eine Fundgrube überraschender schachlicher Gedankenblitze und ideenreicher Kombinationen.“
Heim und Werk

Angriff und Verteidigung H. Müller

Strategie und Taktik im Schachspiel. Oktav. Mit 355 Diagrammen, 145 Partien und 297 Stellungen. VIII, 162 Seiten. 1960. Kartoniert DM 10,80

Ist der Schachliebhaber soweit, daß er „angreifen" und „drohen" kann, was wohl jeder gerne tut, darf darüber die Verteidigung nicht vergessen werden. Höchst instruktiv hat Hans Müller die Zusammenhänge zwischen Angriff und Verteidigung, Strategie und Taktik aufgezeigt.

Urteil und Plan im Schach M. Euwe

2., verbesserte Auflage. Oktav. Mit 146 Diagrammen. VIII, 153 Seiten. 1961. Kartoniert DM 8,40

Die „Übergänge" zu erkennen, ihren Wert und Unwert zu beurteilen, einen Plan zu fassen und durchzuführen — das alles lernt der Amateur aus diesem interessanten Lehrbuch mit seinen sorgfältig ausgewählten Beispielen.

Moderne Schachstrategie E. Lasker

7., völlig umgearbeitete Auflage. Herausgegeben von Rudolf Teschner und Kurt Richter. Oktav. Mit 178 Diagrammen. VI, 171 Seiten. 1961. Kartoniert DM 9,80

Eduard Lasker, als Namensvetter stets im Schatten des unerreichten „Emmanuel" stehend, war und ist gleichwohl ein Großmeister der 64 Felder und der geschliffenen Feder. In englischer Sprache sind von ihm eine Reihe Meisterwerke erschienen. Sein bestes Buch aber, „Moderne Schachstrategie" ist auch den deutschen Schachfreunden zugänglich und seit Jahrzehnten ein unübertroffenes Lehrbuch des Schachdenkens — zugleich ein Bestseller auf dem Schachbüchermarkt.

Strategie und Taktik

Schachmatt K. Richter

Eine lehrreiche Plauderei für Fortgeschrittene über den Mattangriff im Schach. 2. Auflage. Oktav. Mit 37 Teil- und 217 Volldiagrammen. 96 Seiten. 1958. Kartoniert DM 5,20

„Richter ist der Feuilletonist unter den Schachautoren. Er versteht es, die verwickeltesten Probleme gleichsam im Plauderton verständlich zu machen." dpa, Hamburg

Matt in zwanzig Zügen A. Brinckmann

Einfälle und Reinfälle. Ein Lehr- und Lesebuch. Oktav. 70 Partien mit 72 Diagrammen. 87 Seiten. 1955. Kartoniert DM 6,80

„Für erprobte Schachspieler ein schachtheoretisch exakt durchdachtes, dabei erfrischend undogmatisches Nachspielheft."
Bücherei und Bildung

Á. Földeák

Hundert preisgekrönte Partien

Oktav. VIII, 135 Seiten. 1952. Kartoniert DM 6,80

„Wem die künstlerische Seite des Schachs besonders am Herzen liegt und wer sich beste schachliche Unterhaltung verschaffen will, der greife zu dem Werk." Freie Presse

Mit ungarischem Temperament führt uns der Budapester Experte W. A. Födleák in die Zauberwelt der Glanzpartien mit ihren schönen Kombinationen — eine prächtige Unterhaltung.

K. Richter

Carl Carls und die „Bremer Partie"

60 Jahre Schacherinnerungen. Mit einer Vorrede von Alfred Brinckmann. Herausgegeben von Kurt Richter. Oktav. 113 Seiten und 2 Abbildungen. 1957. Kartoniert DM 7,80

„Das empfehlenswerte Buch . . . weiß dem Menschen und Schachmeister Carls ein seinen Leistungen und Verdiensten entsprechendes Denkmal zu setzen." Aachener Volkszeitung

preisgekrönte

Partien

A. Brinckmann

Kurt Richters beste Partien

2., erweiterte und verbesserte Auflage. Oktav. Mit mehr als 100 Partiebeispielen, einigen Schachaufgaben und 15 Bildern. VIII, 162 Seiten. 1961. Kartoniert DM 8,90

„Freude am Risiko, Lust am schachlichen Kampf, Ideenreichtum und eine schier unerschöpfliche Phantasie findet der Leser auf Schritt und Tritt in den lehrreich und zugleich unterhaltsam kommentierten Partien." Fernschach

E. Ridala

Turniere, Taten, Erfolge

Die Laufbahn des Großmeisters Paul Keres. Mit 71 Diagrammen. Oktav. 116 Seiten. Mit 1 Bildnis. 1959. DM 8,80

„Der Hauptteil führt uns in vorzüglicher Bearbeitung die schönsten Keres-Partien vor. Es sind 51 Prunkstücke der Schachkunst." Zürichsee-Zeitung

M. M. Botwinnik

Der Schachwettkampf Botwinnik-Smyslow

um die Weltmeisterschaft im Jahre 1954 in Moskau. Deutsche Übersetzung von Dr. H. Lehmann. Oktav. 100 Seiten. 1957. Kartoniert DM 6,80

Dr.-Dyckhoff-Fernschachgedenkturnier 1954/1956

Herausgegeben von Hans-Werner von Massow und Eberhard Wilhelm. Oktav. Mit 180 Diagrammen, 39 Fotos, 170 ausgew. Partien, Tabellen, Endspielregister. 246 Seiten. 1958. DM 12,80

Brinckmann-Richter

Kampf der Nationen

XIII. Schacholympia München 1958. Herausgegeben im Auftrage des Deutschen Schachbundes. Mit 25 Abbildungen, 96 Diagrammen, 50 Tabellen sowie ausführlichen Berichten. Oktav. XII, 124 Seiten. 1959. DM 12,80

„Es ist das Verdienst der Verfasser dieses Buches, durch ausführliche Beschreibung der besten Partien die Schachfreunde geistig an diesem großartigen Turnier der Schachmeister aller Länder teilnehmen zu lassen.“ E. Beutelspacher-Buenos Aires

dramatische Turniere

A. Aljechin (Alekhine)

Das Großmeister-Turnier New York 1924

Im Auftrag des Turnierkomitees bearbeitet. 2. Auflage. Mit einem Geleitwort von Kurt Richter und einem eröffnungstheoretischen Beitrag von Dr. Max Euwe. Oktav. Mit 183 Diagrammen und einer Kunstdrucktafel. XLII, 337 Seiten. 1963. Kartoniert DM 20,—

„Wahrhaftig ein Standard-Werk!
Es tritt in die Reihe der wenigen großen Turnierbücher, nach deren Besitz jeder Schachspieler streben muß. Die 100 Partien des Turniers sind von Aljechin mit überlegener Meisterschaft bearbeitet.“ Deutsche Schachzeitung

A. Aljechin (Alekhine)

Das New Yorker Schach-Turnier 1927

Ein Vorspiel zum Weltmeisterschaftskampf in Buenos Aires. 2. Auflage. Mit einem Geleitwort von Kurt Richter. Oktav. Mit 96 Diagrammen. VII, 176 Seiten. 1963. Kartoniert DM 12,—

Das Glanzstück des Buches sind nicht so sehr die gespielten Partien, als ihre Analyse und Glossierung durch Dr. Alexander Aljechin. Hierin war der spätere Weltmeister unübertroffen. Über die eröffnungstheoretische Entwicklung seit 1927 gibt der Artikel „Damals und heute“ von Exweltmeister Dr. Euwe in dem ebenfalls neu aufgelegten Hauptwerk Dr. Ajechins „Das Großmeisterturnier New York 1924“ Auskunft.

RAF FI NESSEN

Hübsche Schachaufgaben, interessante Endspielstudien, brillante Partieeinfälle, ja mitunter sogar elegante Spielreinfälle, — all dies finden Sie in diesen Schachbüchern, in denen nicht nur das Geschehen selbst, sondern auch der Begleittext den Schachfreund anregen und seine schachlichen Gedankenbilder bereichern.

M. EUWE **Positions- und Kombinationsspiel**

3., verbesserte Auflage. Oktav. Mit 132 Diagrammen. 109 Seiten. 1963. Kartoniert DM 6,80

„Dieses Buch gehört zu den Rosinen in der Schachliteratur. Es ist für Lernende und Fortgeschrittene in gleichem Maße gewinnbringend." Rotenburger Kreiszeitung

Wichtig ist vor allen Dingen, daß der Amateur die einheitlichen Bauernkonfigurationen beherrscht. Das ist für die Beurteilung sowohl positionalen Mittelspiels als auch des Endspiels von ausschlaggebender Bedeutung.

K. RICHTER **Einfälle — Reinfälle**

Schach zum Lesen und Lernen. 187 Diagramme mit Fragen und Antworten. Oktav. 87 Seiten. 1960. Kartoniert DM 5,—

„Mit dem dem Verfasser so ureignen Scharfblick sind hier wieder glänzende Einfälle und Reinfälle aus der Turnierpraxis zusammengetragen, die nicht nur den Blick schärfen sollen, sondern auch gerade den schmunzelnden Humor zu seinem Recht kommen lassen. Unterhaltend und originell." Industrie-Schach-Echo

Der Stil im Schach. Nur der Stil eines Menschen (die künstlerische Formung des Gedankens) gehört ihm selbst an; alles andere (Kenntnisse, Entdeckungen usw.) können sich andere auch zu eigen machen. In den Schachbüchern spiegelt sich der Stil in zweierlei Art: einmal im Spielstil der Meister, der grundverschieden sein kann, es heute im Zeitalter der Normung aber nicht immer ist; und dann vor allem in der Buchgestaltung der Autoren, die sich im weiten Bogen von gründlicher Gelehrsamkeit zu schillernder Unterhaltungskunst spannt. Ganz im Gegenteil zu dem Talleyrand-Ausspruch: „Die Sprache ist dem Menschen gegeben, um seine Gedanken zu verbergen", bemühen sich die Schachautoren, das Gedankengut des Schachspiels als hohen Kulturfaktor den Schachfreunden in aller Welt nahezubringen: die „graue" Theorie und die „grüne" (lebendige) Praxis!

Denkbilder

Im Banne des Schachproblems — KRAEMER-ZEPLER

Oktav. Mit zahlreichen Diagrammen. 158 Seiten. 1951. Kartoniert DM 6,80

„Die beiden Problem-Großmeister A. Kraemer und E. Zepler haben als prominenteste Vertreter der deutschen Problemkunst eine große Zahl auserwählter Schachaufgaben und Studien in diesem wertvollen Buch zusammengestellt." Kasseler Post

Sind Sie Problemfreund? Dann lassen Sie sich Spitzenleistungen des modernen Kunstschachs von dem unzertrennlichen Komponistenpaar Krämer-Zepler vorführen. Diese wertvollen Sammlungen bringen Letztformen und Glanzstücke. Und wenn Ihnen Selbstlösungen zu anstrengend sind, bitte, hinten steht es drin!

Problemkunst im 20. Jahrhundert — KRAEMER-ZEPLER

Ausgewählte Schachaufgaben. Oktav. 125 Seiten. 1957. Kartoniert DM 8,60

„Von ursprünglich 4000 Schachaufgaben jeder Problemrichtung haben die beiden berühmten Problemkomponisten etwa den zehnten Teil ausgesucht; ... eine unerschöpfliche Fülle reifster Kunstwerke, eine wahre Fundgrube für jeden Problemfreund."
Schachecho

W. SPECKMANN

Strategie im Schachproblem

242 Miniaturen. Oktav. Mit 310 Diagrammen. 132 Seiten. 1959. Kartoniert DM 9,20

„... daß hier an Hand einfacher Beispiele ein komplettes Lehrbuch der modernen Aufgabentheorie vorliegt."

Oberösterreichische Nachrichten

Am schwierigsten sind für Amateure unzweifelhaft die Endspiele und besonders die Turmendspiele. Hier ist das Werk der beiden sowjetischen Großmeister ein unübertrefflicher Ratgeber. „Das beste Lehrbuch über dieses Thema, das es gibt," urteilte der dänische Meister Enevoldsen beim Lasker-Gedenkturnier in Berlin.

LÖWENFISCH-SMYSLOW

Theorie der Turmendspiele

Übers. aus dem Russischen von Dr. Heinz Lehmann, Berlin. Oktav. Mit 257 Diagrammen. 192 Seiten. 1959. Kart. DM 12,80

„Ein Großteil der Beispiele ist der praktischen Partie entnommen; ein Hinweis dafür, daß hier nicht theoretisiert, sondern ein wertvoller Beitrag für die Praxis geleistet worden ist."

Deutsche Schachzeitung

Rätsel und Regeln

Für Vereinsfunktionäre unentbehrlich ist Brinckmann/Rellstabs „Turnier-Taschenbuch", das alle wichtigen Regeln, Spielsysteme und Vorschriften des Weltschachbundes allgemeinverständlich aufführt und erläutert.

BRINCKMANN-RELLSTAB

Turnier-Taschenbuch

2., verbesserte und erweiterte Auflage.
Klein-Oktav. 172 Seiten. 1959. Kartoniert DM 6,50

Die Kommentare zu den Spielregeln des Weltschachbundes sind in der neuen Auflage vermehrt worden und enthalten u. a. die jüngsten Entscheidungen der Regelkommission F. I. D. E. (Spielregeln, Mannschaftsweltmeisterschaft, Titelverleihungen, Statuten des Weltschachbundes). Fernschachspieler und Spieler am Brett, Teilnehmer am kleinsten Klubturnier oder Mitstreiter in den großen Weltturnieren — jeder wird hier finden, was er braucht.

Köstliche Seltenheiten

An Versuchen, dem ernsten Schachspiel auch eine lustige Seite abzugewinnen, hat es nicht gefehlt. Dr. Fabels Buch „Rund um das Schachbrett" bringt eine eigenartige Mischung von Abnormitäten des königlichen Spiels, Essays, Kompositionen und lustigen Zeichnungen — am Rande des schachbretts. Köstliche Seltenheiten! In gewisser Weise ergänzt der Wiener Altmeister Dr. Krejcik in „Mein Abschied vom Schach" das Fabelsche Werk. Zwei Leckerbissen für Genießer! Weiter gespannt ist der Bogen in K. Richters „Kurzgeschichten um Schachfiguren". Interessante Zusammenstellungen aus allen Gebieten des Schachspiels, teils unterhaltend, teils belehrend, mit mehr als 700 Diagrammen illustrieren die unerschöpflichen Möglichkeiten im Reiche Caïssas.

K. FABEL **Rund um das Schachbrett**

Amüsantes und Interessantes vom Schach. Oktav. Mit 6 Karikaturen. VIII, 137 Seiten. 1955. Kartoniert DM 8,60

Scherz und Ernst des Kunstschachs abseits der großen Straße hat der Münchener Dr. Karl Fabel zu einer schmackhaften Mischung vereinigt.

K. RICHTER **Kurzgeschichten um Schachfiguren**

Ein Bilderbuch des Schachspiels, zugleich ein Unterhaltungsbuch für alle Schachfreunde. Nach neuen Ideen zusammengestellt und bearbeitet. 2., verbesserte Auflage. Oktav. Mit mehr als 700 Diagrammen und nicht ganz so vielen Versen. 308 Seiten. 1955. Kartoniert DM 12,80

„Großmeister Richter hat mit dieser Arbeit einen neuen Weg gewählt, um den Lernenden in die Geheimnisse des Schachs einzuführen." Lippische Landes-Zeitung

FSC
www.fsc.org
MIX
Papier | Fördert
gute Waldnutzung
FSC® C083411

Zeitfracht Medien GmbH
Ferdinand-Jühlke-Straße 7
99095 Erfurt, Deutschland
produktsicherheit@kolibri360.de